Die Vogelschule

Probleme lösen mit Clickertraining:
Beißen & Aggressionen

bei Papageien, Sittichen und anderen Vögeln

Die Vogelschule

Probleme lösen mit Clickertraining: Beißen & Aggressionen

bei Papageien, Sittichen und anderen Vögeln

Ann M. Castro

www.dievogelschule.com

Die Deutsche Bibliothek verzeichnet diese Publikation in der Deutschen Nationalbibliografie; detaillierte bibliografische Daten sind im Internet über http://dnb.ddb.de abrufbar.

Castro, Ann:
Die Vogelschule. Probleme lösen mit Clickertraining: Beißen & Aggressionen bei Papageien, Sittichen und anderen Vögeln / Ann M. Castro.
2. Auflage

Alle Angaben in diesem Buch sind sorgfältig geprüft und geben den neuesten Wissensstand bei der Veröffentlichung wieder. Da sich das Wissen aber laufend weiterentwickelt und vergrößert, muss jeder Anwender prüfen, ob die Angaben nicht durch neuere Erkenntnisse überholt sind. Eine Haftung der Autorin bzw. des Verlags und seiner Beauftragten für Personen-, Sach- und Vermögensschäden ist ausgeschlossen.

Layout: Ann M. Castro
Umschlag: Ann M. Castro
Titelbild: Ann M. Castro
Lektorat: Thilo Hagen

Druck: Customized Business Services GmbH, Ferdinand-Jühlke-Straße 7, 99095 Erfurt

Taschenbuch: ISBN 978-3-939770-44-2
PDF: ISBN 978-3-939770-45-9
epub: ISBN 978-3-939770-46-6

Dieses Buch ist all den Papageien und Menschen gewidmet, deren Beziehung nicht mehr funktioniert. Ich hoffe, ich kann ihnen mit diesem Buch helfen, wieder den Weg zueinander zu finden.

Inhalt

1. Einleitung

Aggressionen sind ein häufiges Problem in der Papageienhaltung. Zumindest sind sie mit Abstand der häufigste Grund, warum Papageienhalter meine Hilfe suchen.
Leider wird eine Beratung oft erst dann in Anspruch genommen, wenn sich eine anfängliche Verhaltensunregelmäßigkeit zu einem handfesten Problem entwickelt hat. In dem Stadium sind solche Probleme entsprechend schwieriger zu lösen, da sie bereits gefestigt sind.
Viele Papageienhalter erkennen im Frühstadium nicht, dass sich ein Problem entwickelt. Haben sie erst einmal erkannt, dass ein Problem besteht, versuchen sie oft zuerst sich selbst zu helfen. Sie suchen im Internet, in diversen Foren und bei anderen Vogelhaltern nach Tipps, wie sie das Problem lösen können. Oft sind diese Tipps leider inakzeptabel.
Sie sind häufig nicht nur kontraproduktiv und verschlechtern die Beziehung zwischen Tier und Halter, sondern oftmals sogar tierschutzrelevant. Außerdem geht dadurch kostbare Zeit verloren, in der das unerwünschte Verhalten weiter gefestigt wird. Das hilft weder Halter noch Tier.
Mit diesem Buch möchte ich Ihnen helfen, mögliche Beiß- und Agressionsprobleme frühzeitig zu erkennen und abzuwenden sowie fortgeschrittene Aggressionsprobleme selbst zu therapieren. Dazu gibt Ihnen dieses Buch eine detaillierte und umfassende Schritt-für-Schritt-Anleitung für die Vorgehensweise eines guten Verhaltenstherapeuten bei Beiß- und Aggressionsproblemen.
Eine effektive Verhaltenstherapie besteht aus vier Modulen. Diese werden größtenteils parallel durchgeführt:

1. Tierärztliche Untersuchung
2. Optimierung der Haltungsbedingungen
3. Beschäftigung
4. Training

In diesem Buch erläutere ich Ihnen, was die einzelnen Module bedeuten und wie Sie sie durchführen können.

Ich werde dabei sehr direkt und ehrlich mit Ihnen reden. Einiges wird Sie überraschen, vielleicht werden Sie sich sogar angegriffen fühlen. Ich möchte Ihnen nicht zu nahe treten. Aber das Ziel dieses Buches ist es, Ihnen mein Wissen möglichst ungefiltert zur Verfügung zu stellen, damit Sie wirklich eigenständig in der Lage sein werden, Ihnen und Ihren Tieren – vielleicht sogar anderen Haltern – selbst zu helfen. In einer persönlichen Beratung gehe ich natürlich etwas diplomatischer vor. Aber damit Sie den größtmöglichen Nutzen aus diesem Buch ziehen können, müssen Sie wissen, was ich weiß, was ich denke und warum ich welches Thema wie löse.

Bevor wir anfangen, möchte ich Sie darauf hinweisen, dass ich als Methode bei der Verhaltenstherapie Clickertraining verwende. Dieses Buch ist ein Zusatzmodul zu Band I und II meiner Clickertraining-Serie. Falls Sie also nicht bereits ein erfahrener Clickertrainer sind, sollten Sie unbedingt auch meine beiden Bücher „Clickertraining für Papageien, Sittiche und andere Vögel“ und „Mehr Clickertraining für Papageien, Sittiche und andere Vögel“ der Vogelschule-Serie lesen.

Das Wissen in diesen Büchern ist das Handwerkszeug, das Sie benötigen, um die Therapiemaßnahmen in diesem Buch umsetzen zu können. Zum Teil werden auch Übungen aus diesen beiden Büchern bei der Problemlösung eingesetzt, sodass Sie diese zuerst mit Ihrem Tier einüben müssen. Wenn ich im Text Sachverhalte erwähne, die sich auf Inhalte dieser beiden Bücher beziehen, vermerke ich dies mit dem entsprechenden Verweis, sodass Sie einen Anhaltspunkt haben, wo Sie mehr dazu nachlesen können.

Bedenken Sie bitte bei der Verhaltenstherapie, dass die Probleme mit Ihrem Tier nicht „über Nacht“ gekommen sind. Sie werden auch nicht „über Nacht“ verschwinden. Sie müssen konsequent und geduldig bei Ihrer Verhaltenstherapie vorgehen, um Erfolg zu haben. Außerdem dürfen Sie das Tier nicht mit Marathon-Trainingssitzungen überfordern. Mehrere kurze Trainingseinheiten mit mindestens einstündigen Pausen dazwischen bringen viel mehr als eine lange, die nur zu Frust, Unlust und Verärgerung führt. Sie machen damit mehr kaputt als Sie gewinnen.
Ich hoffe, dass auch Sie bald wieder eine glückliche und vertrauensvolle Beziehung mit Ihren Vögeln haben werden.
Falls Sie nach dem Lesen und Durcharbeiten meiner Bücher noch Fragen haben oder Hilfe benötigen sollten, so können Sie diese kostenlos im GRATIS-Erstgespräch (https://www.dievogelschule.com/kontakt) mit mir oder - wenn die benötigte Hilfe umfangreicher ist - im Rahmen eines Coaching-Paketes oder Kurses erhalten.
Doch nun wünsche ich Ihnen erst einmal viel Spaß und Erfolg beim Umsetzen der Verhaltenstherapie für beißende und aggressive Vögel bei Ihren gefiederten Mitbewohnern.

Liebe Grüße,
Ann Castro.

Die Arbeitsblätter zu diesem Buch und weitere Informationen gibt es kostenlos unter folgendem Link: https://www.dievogelschule.com/leser

Ann Castro

2. Tierärztliche Untersuchung

Ein guter Verhaltenstherapeut wird Ihnen immer empfehlen, dass Ihr Tier vor Beginn einer Verhaltenstherapie gründlich von einem erfahrenen, vogelkundigen Tierarzt untersucht wird. Dies ist nicht nur im Interesse von Tier und Halter, sondern dient auch der Absicherung für den Verhaltenstherapeuten.

Ich fordere Sie nachdrücklich dazu auf, diesen Schritt, auch wenn Sie Ihr Tier selbst therapieren möchten, nicht zu überspringen, sondern akribisch einzuhalten. Der Hauptgrund dafür ist, dass insbesondere plötzliche Verhaltensprobleme gesundheitsbedingt sein können. Das Tier hat Schmerzen oder fühlt sich unwohl.

Um diese Ursache auszuschließen oder gegebenenfalls zu erkennen und zu behandeln, sollten Sie bei Verhaltensänderungen – als Erstes und ohne Zeit zu verlieren – einen erfahrenen vogelkundigen Tierarzt aufsuchen und Ihren Vogel gründlichst untersuchen lassen. Ich betone, dass der Tierarzt nicht nur vogelkundig, sondern auch erfahren sein muss, da eine Diagnose bei Papageienvögeln schwierig ist und nur mit einer speziellen Ausbildung und entsprechender Erfahrung nutzbringend durchgeführt werden kann.

Auf meiner Webseite gibt es einen detaillierten Bericht, wie Sie einen wirklich guten, vogelkundigen Tierarzt ausfindig machen können. Wenn Sie noch keinen Vertrauenstierarzt gefunden haben sollten, empfehle ich Ihnen, diesen Artikel Schritt für Schritt durchzuarbeiten. Sie finden ihn unter diesem Link:

https://www.dievogelschule.com/vogelkundiger-tierarzt

Der zweite Grund für meine dringende Empfehlung zum Besuch eines Tierarztes ist, dass viele Halter mit ihrem Tier noch nie bei einem vogelkundigen Tierarzt waren. Das kann Ihrem Tier das Leben kosten.
Zum einen kann die Wahl und Kenntnis des richtigen Tierarztes viel Leid ersparen und Ihrem Tier im Notfall das Leben retten. Da im Falle einer Erkrankung bei Papageienvögeln nicht viel Zeit bleibt, ist es wichtig, dass man im Notfall bereits einen Tierarzt zur Hand hat, der das Tier kennt. Wenn Sie sich frühzeitig einen guten Tierarzt ausgesucht und ihm das Tier zur Erstuntersuchung vorgestellt haben, hat Ihr Tierarzt im Krankheitsfall Vergleichswerte und kennt das Tier schon. Dieses Extrawissen ist im Notfall Gold wert. Außerdem sollten Sie nicht unterschätzen, wie hilfreich es ist, im Notfall zu wissen, zu wem Sie hinfahren können, anstatt panisch erst noch einen guten vogelerfahrenen Tierarzt suchen zu müssen.
Zum anderen ist meines Erachtens – abgesehen von der Erstuntersuchung und Bedarfsbesuchen beim Tierarzt – zusätzlich eine jährliche Vorsorgeuntersuchung Pflicht, da Papageien als Beutetiere ihre Erkrankungen so lange verstecken, bis sie zu schwach dazu werden, diese weiterhin zu verbergen. Zu dem Zeitpunkt, an dem für den Halter Symptome ersichtlich werden, ist die Erkrankung meist schon in einem fortgeschrittenen Stadium. In diesem ist es jedoch viel schwieriger, eine Erkrankung zu therapieren, als im Frühstadium. Oftmals ist es dann auch bereits zu spät. Ich höre leider immer wieder von Papageien, die nach Aussagen der Halter „kerngesund“ waren, bis sie völlig überraschend tot von der Stange fielen. Das Problem ist, dass diese Tiere gar nicht gesund waren, sondern dass der Halter die Erkrankung nicht bemerkte, bis es zu spät war.
Diese Halter sind nicht dümmer oder blinder als Sie. Es ist einfach fast unmöglich, Erkrankungen ohne entsprechende Apparate und Tests bei Papageienvögeln frühzeitig zu erkennen. Jedes Tier, das ich über die Jahre in meinen Schwarm aufgenommen habe, wurde einer gründlichen Erstuntersuchung durch meine Vertrauenstierärzte unterzogen. Es gab

bislang nicht einen einzigen Vogel, der nicht gegen irgendetwas behandelt werden musste. In allen Fällen waren die Halter jedoch davon überzeugt gewesen, dass ihr Tier völlig gesund und eine Untersuchung unnötig sei. Bitte tun Sie also sich und Ihren Tieren den Gefallen und lassen Sie Ihre Vögel nach einer gründlichen Erstuntersuchung zusätzlich zur Vorsorge mindestens einmal jährlich von einem erfahrenen, vogelkundigen Tierarzt durchchecken.

3. Haltungsbedingungen optimieren

Verhalten entsteht nicht in einem Vakuum, sondern hängt von mehreren Faktoren ab. Die Haltung ist einer davon.

Die richtige Haltung trägt wesentlich dazu bei, gesunde, glückliche Tiere ohne Verhaltensauffälligkeiten zu haben. Die falsche Haltung kann aus einem glücklichen und gesunden Vogel mit der Zeit ein seelisches und körperliches Wrack entstehen lassen. Unterschätzen Sie dies bitte nicht. Immer wieder erlebe ich, wie sich Verhaltensprobleme geradezu von selbst auflösen, wenn die Haltung des Tieres optimiert wird.

Über die richtige Haltung der verschiedenen Papageienarten, zu denen selbstverständlich auch Sittiche gehören, könnte man Bücher schreiben. Ich möchte mich aber an dieser Stelle auf die für unser Problem – Beißen und Aggressionen – wichtigsten Komponenten fokussieren. Diese sind Platz, Partner und Beschäftigung.

Das Leben in freier Wildbahn

Um genauer zu verstehen, wie Papageien gehalten werden sollten, empfehle ich jedem, diese in freier Wildbahn zu beobachten.

Mir ist schon klar, dass nicht jeder von Ihnen wochenlang in irgendwelche Urwälder reisen kann. Den meisten von uns dürfte dafür sowohl die Zeit als auch das Geld fehlen. Aber es gibt etliche Videos, zum Beispiel auf Youtube, die Papageien in der Freiheit zeigen.

Im Ressourcen-Bereich zu diesem Buch (https://www.dievogelschule.com/leser) finden Sie verschiedene Links zu solchen Videos. Wenn Sie

diese Videos betrachten, werden Sie schnell erkennen, dass Papageien hochsoziale und intelligente Schwarmtiere sind. Wissenschaftler haben ermittelt, dass Papageien über die Intelligenz von drei- bis fünfjährigen Kindern verfügen. Sie fliegen täglich etliche Kilometer und sind mit Futtersuche, Sozialpflege sowie dem Brutgeschäft hochbeschäftigt.
Bei der Betrachtung dieser Videos werden Sie schnell erkennen, dass es völlig widernatürlich ist, einen Papagei alleine im Käfig zu halten. Wen sollte es also wundern, wenn ein solches Tier verhaltensauffällig wird? Um es klipp und klar zu sagen: Einen Papagei einzeln im Käfig zu halten, ist Tierquälerei und hat mit Tierliebe nichts zu tun.

Partnertier und Minischwarm

Ein einzelner Papagei langweilt sich nicht nur und ist einsam, er steht auch im Dauerstress.
Dass liegt daran, dass in der freien Wildbahn ein einzelner Papagei ein toter Papagei ist. Sein Partner und sein Schwarm geben ihm nicht nur soziale Interaktionen sondern schützen ihn auch vor Fressfeinden. Ein einzeln gehaltener Papagei befindet sich also fortwährend in gefühlter Todesgefahr.
Auch wenn Ihr Papagei sich mit der Zeit an das Alleinsein bis zu einem gewissen Grad gewöhnt hat, wird diese Angst unterschwellig immer da sein. Der daraus resultierende Dauerstress kann nicht nur zu Verhaltensproblemen beitragen. Er kann auch zu gesundheitlichen Problemen führen, da Dauerstress das Immunsystem schwächen kann.
Keiner von uns kann auf Dauer ohne den Kontakt zu anderen Menschen, unserer eigenen Spezies, glücklich sein. Wieso kommt der Mensch dann auf den Gedanken, dass es beim Papagei anders sein könnte? Ganz deutlich: Es ist nicht anders und Ihr Tier benötigt einen gegengeschlechtlichen, aber artgleichen Partner. Im Idealfall bieten Sie ihm sogar einen Minischwarm.

Minischwarm

Falls Sie den Platz darstellen können, möchte ich Ihnen die Haltung eines Minischwarms ans Herz legen. Es ist einfach faszinierend zu beobachten, wie sich die Dynamik zwischen den Tieren ändert, wenn statt zwei Papageien auf einmal vier oder mehr zusammen leben. Sie werden dadurch viel aktiver, unternehmungslustiger und bewegen sich mehr. Dadurch sind die Tiere besser beschäftigt und ausgelastet. Dies wiederum schwächt Verhaltensprobleme erheblich ab und entlastet Sie als Halter. Ihre Zahmheit verlieren die Tiere dadurch ganz und gar nicht. Eher das Gegenteil ist der Fall. Ich kann immer wieder beobachten, dass auch in dieser Situation Konkurrenz deutlich das Geschäft belebt.

Wie verpaare ich meinen Papagei?

Zur Behandlung von Verhaltensproblemen bei Papageien gehört immer auch die Optimierung der Haltungsbedingungen. Der wichtigste Aspekt davon ist die Verpaarung Ihres Papageies mit einem artgleichen, aber gegengeschlechtlichen Partner. Da dies nicht nur für eine erfolgreiche Verhaltenstherapie sondern auch für das Wohlergehen Ihres Papageis enorm wichtig ist, möchte ich Ihnen hierzu eine kurze Anleitung geben.

Woher einen Partner nehmen?

Zunächst einmal ist es wichtig zu verstehen, dass sich die Partnersuche für Ihren Papagei auf artgleiche, aber gegengeschlechtliche Tiere beschränken muss, wenn sie Ihrem Vogel wirklich helfen soll. Lassen Sie sich bitte nicht von irgendwelchen Züchtern oder Zoogeschäften weismachen, dass Ihre Amazone mit einem Graupapagei glücklich werden kann, oder eine Henne mit einer anderen Henne.

Der Job dieser Leute ist es, Geld zu verdienen, indem sie Tiere verkaufen. Viele von ihnen versuchen Ihnen anzupreisen, was sie an „Ware“ gerade da haben, ungeachtet dessen, was in Ihrem besten Interesse oder dem Ihrer Tieren liegt. Am besten ignorieren Sie solche Leute. Jemand, der Ihnen gegenüber die Behauptung aufstellt, dass Papageien gleichgeschlechtlich oder gar ungleichartig verpaart werden können, ist entweder – ganz hart gesagt – ein Betrüger oder hat eine katastrophale Unkenntnis von den Bedürfnissen der Papageien. Beides können Sie als Beratung nicht gebrauchen.

Am besten ist es meines Erachtens, wenn Sie ein Abgabetier aufnehmen. Damit landen Sie gleich mehrere Volltreffer.

Zuerst einmal helfen Sie einem Lebewesen, das dringend ein gutes Zuhause sucht. Außerdem handelt es sich bei Abgabetieren in den allermeisten Fällen um adulte Tiere. Dadurch wissen Sie auch schon im Vorfeld, welchen Charakter Ihr neuer Mitbewohner hat.

Bei Weitem ist nicht jedes Tier, das abgegeben wird, ein Problemtier. Oft sind geänderte Lebensumstände – der Halter stirbt oder kommt ins Altersheim, Scheidungen, neue Lebenspartner, Babys usw. usf. – Schuld daran, dass Tiere ein neues Zuhause benötigen.

Bei Abgabetieren laufen Sie zudem auch nicht Gefahr, eine verkorkste Handaufzucht zu erstehen, die mit der Geschlechsreife gravierende Verhaltensprobleme entwickelt. Nichts gegen verkorkste Handaufzuchten. Ich liebe alle Papageien. Aber muss man dafür teures Geld bezahlen und die Leute, die dies verursacht haben, auch noch dafür belohnen? Ich denke nicht!

Abgabetiere passen außerdem altersmäßig oft besser zu Ihrem vorhandenen Tier als Tiere aus Zoohandlungen oder vom Züchter, bei denen es sich meist um Jungtiere handelt.

Abgabetiere sind oft für kleines Geld oder auch umsonst zu bekommen. So ist zum Beispiel in unserem Forum eine Rubrik eingerichtet für Vögel, die ein neues Zuhause suchen. Darin dürfen Tiere nur kostenlos angeboten werden. Die Adoptiveltern (so nennen wir sie, um die Verantwortung, die ein Papageienhalter hat, zu verdeutlichen) bezahlen lediglich die Tierarztkosten für die Übernahmeuntersuchung.

Angst vor der Verpaarung

Viele Papageienhalter haben Angst, dass eine Verpaarung nicht klappen wird oder schlimmstenfalls sogar zu ernsthaften bis tödlichen Verletzungen eines oder beider Tieren führen könnte. Geschäftstüchtige Verpaarungsstationen verdienen Geld mit dieser Angst.
Sie suggerieren dem unbedarften Halter, dass eine Verpaarung schwierig und gefährlich ist und nur vom Experten durchgeführt werden kann. Oder sie behaupten, dass das Tier den Halter nicht sehen darf, damit es sich von ihm emotional löst und einen Papageienpartner akzeptiert. Oder es wird behauptet, dass eine Verpaarung nur funktionieren kann, wenn ein Papagei sich einen Partner unter vielen auswählen darf.
Gehen Sie diesen Leuten bitte nicht auf den Leim. Wenn Sie eine Verpaarung richtig angehen, ist sie weder schwierig noch gefährlich. Nicht nur ich selbst, auch meine Mandanten und Forenmitglieder haben schon Hunderte, wenn nicht sogar Tausende Verpaarungen erfolgreich durchgeführt. Wenn all diese Menschen dies geschafft haben, schaffen Sie das auch. Eine Anleitung, wie Sie bei der Verpaarung aggressiver Tiere vorgehen, folgt im Übungsteil dieses Buches.
Ich bin der Ansicht, dass die Tiere am ehesten zueinander finden, wenn sie sich sicher fühlen. So haben die meisten meiner Tiere, die aus jahre-, zum Teil sogar aus jahrzehntelanger Einzelhaft stammten, sich zum ersten Mal gegenseitig gefüttert oder gekrault, während sie auf mir hockten. Ich halte nichts davon, die Tiere zur Verpaarung abzugeben. Abgesehen von der enormen Gefahr, sich in Vermittlungsstationen Krankheiten einzufangen, ist das Ganze furchtbar stressig für die Tiere. Sie kommen in eine fremde Umgebung mit fremden Menschen und fremden Artgenossen, sodass sie erst einmal ganz andere Sorgen haben als sich zu verlieben. Dementsprechend dauern Verpaarungsversuche in Vermittlungsstationen oft recht lang. Dabei ist es wahrlich keine Raketenwissenschaft, eine Verpaarung selbst durchzuführen, wenn man drei grundlegende Dinge beachtet:

1. Sie müssen den Tieren genügend Platz und Zeit anbieten, damit sie sich einander entsprechend ihrem eigenen Komfortlevel annähern können, anstatt sie „mal eben kurz“ im Käfig zusammen einzusperren.
2. Die Verpaarung sollte auf neutralem Grund stattfinden, also zum Beispiel im Wohnzimmer anstatt in der Voliere des Alttieres.
3. Ansätze zu möglichem aggressiven Verhalten sollten auf keinen Fall verstärkt werden. Aus falsch verstandenem Beschützerinstinkt oder auch einfach nur aus Angst, greifen viele Besitzer oft schon ein, wenn die Tiere sich nur ein wenig schräg ansehen. Der Besitzer „tröstet“ oder „korrigiert“. In beiden Fällen verstärkt er dadurch das unerwünschte Verhalten. Gleichzeitig bestätigt er die Tiere darin, dass alles „ganz furchtbar“ ist. Dadurch kann die Situation eskalieren und zu einem richtigen Problem werden. Ich hoffe, dass erfahrenen Clickertrainern so etwas ohnehin nicht passieren würde, wollte es aber der Vollständigkeit halber unbedingt erwähnen.

Meines Erachtens sind an gescheiterten Verpaarungen meistens die Besitzer und deren mangelnde Zurückhaltung und Geduld schuld. Oft wird eine gelungene Verpaarung auch gar nicht als solche erkannt. Die romantischen Vorstellungen der Besitzer schlagen der Papageienrealität dabei ein herbes Schnippchen. Bei manchen Papageienarten sind die Paare derart verkuschelt, dass man bei der gemeinsamen Gefiederpflege kaum noch zu erkennen vermag, wo das eine Tier aufhört und das andere beginnt. Dies ist aber nicht bei allen Papageienarten so. Graupapageien zum Beispiel kraulen sich oftmals nur kurz und gehen dann ihre eigenen Wege. Sie übernachten meist noch nicht einmal gemeinsam.

Stattdessen spielen sie aber extrem ruppig miteinander, sodass ein unerfahrener Halter den Eindruck bekommen kann, dass sie streiten. Dem ist aber nicht so. Deshalb würde ich im Zweifelsfall unbedingt empfehlen, die Tiere einfach mal machen zu lassen. Geben Sie ihnen Zeit und Raum. Greifen sie nur dann ein, wenn wirkliche Gefahr besteht – die Tiere also ineinander verkeilt sind und Blut zu fließen droht. Falls dies tatsächlich

geschehen sollte – und dies ist äußerst selten –, können Sie Ihre Vögel gefahrlos für die Tiere und sich selbst ablenken, indem Sie ein wenig Wasser über sie gießen. Dies reicht meist völlig aus, um die Tiere so weit zu überraschen, dass sie voneinander lassen.
Wenn Sie sich wirklich unsicher sind, können Sie sich gerne zu einem kostenlosen Vorgespräch mit mir anmelden und Ihre Situation mit mir besprechen: https://www.dievogelschule.com/erstgespraech
Zu guter Letzt möchte ich Sie daran erinnern, dass Sie selbstverständlich das neue Partnertier einer Übernahmeuntersuchung unterziehen und es in strikter Quarantäne halten müssen bis die Untersuchungsergebnisse vorliegen. Schließlich möchten Sie sicherlich keine Erkrankungen in Ihren eigenen Bestand – auch wenn dieser bislang aus nur einem einzigen Vogel besteht – einschleppen.

Platz

Papageien müssen sich geistig und körperlich austoben können, um glücklich und gesund zu bleiben. Dazu benötigen sie ein entsprechendes Platzangebot. Bezüglich der Platzerfordernisse hat das zuständige Bundesministerium ein „Gutachten über die Mindestanforderungen an die Haltung von Papageien" durch eine Expertenkommission erstellen lassen. Ich möchte Ihnen hier lediglich eine Übersichtstabelle über die in dem Gutachten enthaltenen erforderlichen Mindestkäfiggrößen geben. Falls Sie Interesse haben, können Sie das Gutachten in seiner Gesamtheit auf meiner Webseite einsehen. Den Link dazu finden Sie in der Ressourcen-Liste unter www.dievogelschule.com/leser. Bitte denken Sie daran, dass die in dem Gutachten vorgegebenen Käfigmaße Mindestmaße sind und nur im Zusammenspiel mit mehrstündigem täglichem Freiflug außerhalb des Käfigs gelten.
Papageienvögel sollten täglich intensive Flugübungen machen, damit ihr Kreislauf auf Trab kommt. Leider sind die Freiflugzeiten außerhalb des

Käfigs für viele Tiere gleichzusetzen mit der täglichen Kuschelstunde anstatt mit intensivem Flugttraining. Nichts gegen Kuscheln. Auch ich liebe es, mit meinen Tieren zu schmusen. Aber Bewegung muss sein. Wenn also bei Ihnen die Zeit des Freiflugs eher die Kuschelzeit ist, müssen Sie entweder die Dauer des täglichen Freiflugs entsprechend erhöhen oder die Tiere so unterbringen, dass sie auch, während sie eingesperrt sind, genügend Bewegung bekommen. Dies ist nur in Vogelzimmern oder in Volieren darzustellen, welche die Mindestanforderungen um ein Mehrfaches überschreiten.

Mindestanforderungen an die Haltung von Papageien

Gesamtlänge der Vögel	Käfig- bzw. Volierenmaße (Breite x Tiefe x Höhe)
Sittiche	
< 25cm	1,0m x 0,5m x 0,5m
25cm – 40cm	2,0m x 1,0m x 1,0m
> 40cm	3,0m x 1,0m x 2,0m
Kurzschwänzige Papageien	
< 25cm	1,0m x 0,5m x 0,5m
25cm – 40cm	2,0m x 1,0m x 1,0m
> 40cm	3,0m x 1,0m x 2,0m
Aras	
< 40cm	2,0m x 1,0m x 1,5m
40cm – 60cm	3,0m x 1,0m x 2,0m
> 60cm	4,0m x 2,0m x 2,0m
Loris und andere Fruchtfresser	
< 20cm	1,0m x 0,5m x 0,5m
> 20cm	2,0m x 1,0m x 1,0m

Falls Ihre Vögel trotz ausreichendem Platzangebot bewegungsfaul sind, gibt es verschiedene Möglichkeiten, sie dazu zu bringen, sich mehr zu bewegen. Ideen hierzu stelle ich im nächsten Abschnitt, Beschäftigung, vor.

Beschäftigung

Papageien müssen körperlich und geistig beschäftigt werden, um ein glückliches und gesundes Leben führen zu können. Leider werden viele Papageien im Laufe der Zeit aufgrund mangelnder Möglichkeiten oder Motivation geistig und körperlich furchtbar faul. Ein Teil unseres Jobs als Verhaltenstherapeut ist es deshalb, diese Tiere wieder auf Trab zu bringen. Dazu gibt es verschiedene Möglichkeiten.

Resourcen-Arrangement

In falsch verstandener Fürsorge bringen viele Papageienhalter Futternäpfe und sogar Leckerli wie Kolbenhirse oder Knabberstangen so an, dass der Vogel sich noch nicht einmal strecken, geschweige denn wirklich bewegen muss, um an sie heranzukommen. Das ist natürlich falsch. Vorausgesetzt, dass Ihre Vögel überhaupt in der Lage sind zu fliegen und keine gesundheitlichen Gründe dagegen sprechen, bietet es sich an, die verschiedenen Ressourcen wie Futter- und Wassernäpfe, Spielzeuge und Lieblingssitzstangen oder Schaukeln so im Vogelzimmer oder in der Voliere anzubringen, dass sie nur fliegend erreicht werden können und im größtmöglichen Abstand zueinander angebracht sind. So bekommen Ihre Vögel einen wirklichen Grund, sich zu bewegen.

Flugtraining

Es gibt verschiedene Möglichkeiten, auch mit aggressiven Vögeln Flugtraining durchzuführen. Aus offensichtlichen Gründen gehören Fangenspiele nicht dazu. Aber es gibt genügend Alternativen. Diese möchte ich Ihnen nachfolgend kurz vorstellen. Falls Sie nicht wissen, wie Sie diese Übungen mit Clickertraining selbst aufbauen können, empfehle ich Ihnen, einen Blick in Band I & Band II meiner Clickertrainingbücher zu werfen. Diese Übungen sind dort im Detail beschrieben.

Trainingsparcours

Eine der ersten Übungen, die Sie beim Clickertraining mit Vögeln durchführen, ist der Trainingsparcours (Band I). Normalerweise beinhaltet dieser viele Laufstrecken über verschiedene „Terrains", wie zum Beispiel Äste, Tischplatten oder Seile. Diese Laufstrecke ist durch verschiedenste für den Vogel mehr oder minder „gruselige" Hindernisse unterbrochen, über die der Vogel lernen muss, furchtlos zu klettern.
Zum Flugtraining wird dieser Parcours um Flugstrecken erweitert. Anstatt Distanzen mit Seilen oder Ästen zu überbrücken, müssen diese nun von Ihrem Tier fliegend überwunden werden. Geführt wird es dabei, wie immer bei Trainingsparcours-Übungen, mit dem Targetstick.

Apportieren

Fangen spielen sollten Sie mit aggressiven Vögeln auf keinen Fall üben. Sie wollen es ihm ja nicht leichter machen, Sie anzufliegen. Stattdessen können Sie aber mit Ihren aggressiven Vögeln das Apportieren üben. Da Ihr Vogel dabei einen zu apportierenden Gegenstand im Schnabel hält, ist es für ihn unmöglich, dabei zu beißen. Direkt nach der Übergabe des Apportels erhält er ein Leckerli, dass ihn ebenfalls beschäftigen und vom Beißen abhalten sollte. Da der Vogel bei der Apportieren-Übung in unmittelbarer Nähe zu Ihnen ist, müssen Sie bei dieser Übung allerdings recht aufmerksam sein und den Vogel sofort abschütteln, falls er ansetzen sollte, sie zu beißen (Band II).

Basketball spielen

Das Basketball spielen wird so ähnlich aufgebaut wie das Apportieren. Hierbei bringen Sie ihrem Vogel jedoch bei, den zu apportierenden

Gegenstand in einen Behälter fallenzulassen, anstatt damit zu Ihnen zu fliegen und Ihnen in die Hand zu drücken. Bei diesem Übungsaufbau wird die Gefahr des Gebissenwerdens weiter reduziert, da bei dieser Übung kein direkter Kontakt zu Ihnen erforderlich ist (Band II).

Kampfspiele

Aggressive Papageien können unter dem Mangel an Möglichkeit leiden, überschüssige Energien abzubauen. Abhilfe können Kampfspiele schaffen. Dazu verwenden Sie einen „Feind", mit dem er kämpfen darf. Nehmen Sie, je nach Größe Ihres Vogels, ein Stofftier, eine Stoffrolle oder sogar ein Kissen dafür. Wenn Ihr Papagei schlecht drauf ist, halten Sie ihm diesen „Feind" hin, damit er ihn angreifen kann. Sie kämpfen dabei natürlich schön mit, damit es Ihrem Vogel dabei nicht langweilig wird. Ein einfach nur still daliegendes Stofftier anzugreifen, ist nicht besonders spannend für Ihren Vogel. Mit der Zeit werden Sie dabei Ihren eigenen „Kampfstil" entwickeln, auf den Ihr Tier besonders gut anspricht. Ich zum Beispiel halte das Stofftier so, wie ich einen Säbel halten würde, und führe ähnliche Bewegungen wie bei einem Duell durch. Bitte beachten Sie bei Kampfspielen unbedingt, dass Sie Ihrem Papagei nicht weh tun. Er ist viel kleiner und empfindlicher als Sie. Das Training soll Ihnen beiden Spaß machen.
Ich möchte betonen, dass Kampfspiele auf keinen Fall als Bestrafung eingesetzt werden sollten. Bestrafungen haben bei unserem Training und in unserer Mensch-Tier-Beziehung nichts zu suchen. Sie zerstören nicht nur die Beziehung, sondern verstärken unter Umständen sogar das unerwünschte Verhalten und machen somit oftmals alles nur noch schlimmer. Eine detaillierte Betrachtung von Bestrafung und warum wir sie bei unserem Training nicht anwenden ist in Band I „Clickertraining für Papageien, Sittiche und andere Vögel" nachzulesen.
Kampfspiele sind lediglich als ein Spielangebot an Ihren Vogel zu betrachten. Sie sind eine Möglichkeit für ihn, sich abzureagieren und

überschüssige Energie loszuwerden, nicht mehr und nicht weniger. Im Idealfall sollte Ihr Vogel nach dem Kampfspiel müde aber glücklich und entspannt sein. Als Anhaltspunkt: Bei mir folgt auf derartige Kampfspiele in der Regel eine Kuschelstunde mit dem jeweiligen Vogel.

Duschen

Ganz abgesehen davon, dass tägliches Duschen oder Baden für die Haut und Gefiederpflege unserer Papageien wichtig ist, kann Duschen auch bei aggressiven Vögeln helfen. Hierbei hat das Duschen zwei Funktionen: Energieabbau und Regenzeitsimulation.

Energieabbau

Viele Papageien drehen beim Duschen richtig auf und springen im Wasser wild herum. Dieses Toben und das anschließende Trocknen des Gefieders mit der damit einhergehenden Federpflege verbraucht viel Energie und hält den Vogel einige Zeit beschäftigt.

Regenzeitsimulation

Aggressivität kann ausgelöst werden, wenn der Vogel in Brutstimmung kommt. Diese Brutstimmung setzt in der freien Wildbahn oft im Zusammenspiel mit der Regenzeit ein. Es kann bei Aggressionen helfen, zwei bis drei Wochen lang eine Regenzeit zu simulieren. Oftmals ist der Spuk mit den hormonell bedingten Aggressionen anschließend vorbei.
Zum Simulieren der Regenzeit duschen Sie Ihren Vogel gründlich drei- bis fünfmal am Tag ab. Bitte achten Sie darauf, dass der Vogel nach der letzen Dusche am Tag noch ausreichend Zeit hat, um vor dem Schlafengehen zu trocknen.
Bitte denken Sie auch daran, dass das Duschen weder als Strafe zu sehen noch als solche zu verwenden ist. Es geht hier nur um die Simulation der Regenzeit, nicht mehr und nicht weniger. Draußen im Urwald fragt niemand die Tiere, ob es Ihnen jetzt genehm sei, wenn es anfangen würde

zu regnen. Gleichermaßen „ärgert" der Regen die Tiere aber auch nicht bewusst. Versuchen Sie mit Ihrem Wassersprüher so genau wie möglich einen Regenfall nachzumachen.
Stellen Sie ihn auf einen feinen Sprühnebel ein und sprühen Sie das Wasser von unten nach oben in den Luftraum oberhalb Ihres Vogels, sodass es auf Ihren Vogel herabrieseln kann. Sprühen Sie Ihren Vogel nicht direkt an. Viele Papageien finden dies unangenehm. Außerdem fällt der Regen ja auch nicht mit Wucht horizontal auf das Tier ein.
Um Ihr Tier zum Duschen zu motivieren, kann es helfen, gleichzeitig einen Staubsauger oder Föhn laufen zu lassen. Aus irgendeinem Grund reagieren viele Papageien darauf mit gesteigerter Badelust.

Spielzeug

Nicht zuletzt dient auch Spielzeug dazu, Ihren Vogel zu beschäftigen und auszulasten. Es gibt jede Menge Spielzeug zu kaufen oder auch preisgünstig selbst zu basteln, das den verschiedensten Spielbedürfnissen Ihres Vogels entgegenkommt. Dazu gehören ganz oben auf der Liste Futtersuche und Stöberspielzeuge, da diese das Tier auch geistig beschäftigen. Ansonsten macht den meisten Papageien alles, was geschreddert oder zerstört werden kann, besonders viel Spaß.
Spielzeug sollte häufig ausgewechselt werden, damit es für Ihren Vogel interessant bleibt. Außerdem sollte es mindestens täglich auf Sicherheit überprüft werden. Zu schnell können Unfälle durch beschädigtes Spielzeug entstehen. Gliedmaße verheddern sich in ausgefransten Stoffteilen, Schnäbel bleiben an Kettengliedern und Ähnlichem hängen. Seien Sie also nicht nur beim Einkauf, sondern auch bei der Verwendung von Spielzeug aufmerksam bezüglich möglicher davon ausgehender Gefahren.

4. Verhaltensanalyse

Beißen kann die verschiedensten Ursachen haben, wie zum Beispiel Angst, Stress, Eifersucht oder Hormone. Oftmals ist es auch schlichtweg ein Verhalten, das dem Tier vom Halter unabsichtlich durch unbewusste Verstärkung anerzogen wurde.
Meistens wissen wir nicht, was die Ursache für das Beißen ist, da wir nicht in die Köpfchen der Vögel hineinschauen können. Dennoch meinen viele Halter das Verhalten ihrer Tiere interpretieren zu müssen. Sie sagen zum Beispiel, dass ihr Vogel der Chef sein möchte, dass er Männer hasst und Ähnliches. In der Regel sind diese Interpretationen völlig falsch. Diese Halter tun ihren Tieren nicht nur Unrecht, sondern stehen der eigentlichen Problemlösung damit sogar im Weg.
Nehmen wir einmal als Beispiel an, dass der Halter glaubt, das Tier wolle ihm zeigen, „wer der Chef ist“. Dieser Glaube wird das Verhalten des Halters gegenüber seinem Tier beeinflussen. Er wird versuchen seinem Tier zu zeigen, „wer wirklich der Chef ist“. Der Halter wird dem Tier gegenüber rücksichtsloser und dominanter auftreten. Er wird möglicherweise versuchen, das Tier einzuschüchtern. Er wird es bedrängen. Schlimmstenfalls wird er es sogar misshandeln. Kurz und knapp, dieser Glaube wird nicht sehr förderlich für die Beziehung zwischen Tier und Halter sein. Selbst wenn es sich um ein normales, gesundes Tier ohne Verhaltensprobleme handelt, wird dieser Glaube die Beziehung verschlechtern und erst recht zu Verhaltensproblemen führen.
Gehen Sie als Nächstes bitte davon aus, dass das Tier ein Angstbeißer ist. Es ist bereits völlig eingeschüchtert und beißt – aus seiner Sicht

– aus absoluter Notwehr. Und jetzt wird es auch noch von einem Halter bedrängt, der ihm zeigen will, „wer der Chef ist“. Das arme Tier!
Sehen Sie nun, wie absolut desaströs und unfair derartige Interpretationen sein können? Also bitte lassen Sie Gedankenleserei jeglicher Art. Ihr Job als Verhaltenstherapeut ist es, objektiv Auslöser, Verhalten und Verstärkung zu beobachten. Dann ändern Sie durch gezieltes Verstärken erwünschter und Ignorieren unerwünschter Verhaltensweisen das Verhalten des Tieres. Genaugenommen ändern Sie Ihr eigenes Verhalten, damit das Tier im Gegenzug sein Verhalten ändern kann. Dieses Beobachten und Verändern führen wir mithilfe der ABC-Analyse durch.

ABC-Analyse

Verhalten entsteht nicht im luftleeren Raum. Um Verhalten zu ändern, muss das Umfeld geändert werden, welches das Verhalten verursacht und fördert. Da das Umfeld jedoch oft komplex ist, kann es schwer sein festzustellen, was genau das Verhalten ausgelöst und bis zum Problemverhalten verstärkt hat. Hier hilft es, ein System zu haben, dass Sie dabei unterstützt, die benötigten Informationen gezielt zu sammeln, zu organisieren und auszuwerten. Ein solches System bietet die ABC-Analyse.
Der Begriff der ABC-Analyse kommt aus dem Englischen und steht für Antedecent, Behaviour und Consequence. Auf Deutsch bedeutet dies Auslöser, Verhalten und Konsequenz. Wenn Sie das Verhalten Ihres Tieres in diese Komponenten herunterbrechen, wird Ihnen sehr viel klarer werden, wodurch eine bestimmte Verhaltensweise ausgelöst und wodurch sie verstärkt wird. Dazu müssen Sie die drei Teile der ABC-Analyse detailliert beobachten und schriftlich festhalten.
Es ist wichtig, schriftliche Notizen zu führen, da es Ihnen hilft, objektiv zu sein. Die Erinnerung passt sich gerne unseren Erwartungen an. Schriftliche Notizen sind hingegen zumindest rückblickend unbestechlich. Außerdem helfen sie, Muster in den Verhaltensweisen besser zu

erkennen. Der gewonnene Mehrwert ist den Aufwand wirklich wert. Sie sollten übrigens erwägen, ein solches Tagebuch nicht nur für das Problemverhalten Ihrer Papageien zu führen, sondern für alle Verhaltensweisen, auch die erwünschten. Schließlich bestehen Ihre Tiere aus wesentlich mehr als nur Problemverhalten.

Die Geschichte überliefert, dass die großen Kurtisanen genaue Tagebücher über Ihre Liebhaber führten. Schließlich galt es, den gut betuchten Versorger zu halten. Es wurde notiert, auf welche Speisen, Beleuchtungen, Parfums usw. der Liebhaber besonders amourös reagierte und welche eher negative Auswirkungen hatten. So hoffte die Kurtisane, ihren Liebhaber so lange wie möglich halten zu können. Behandeln Sie also Ihre Papageien wie hocherwünschte Liebhaber. Beobachten Sie sie genau und notieren Sie sich die Details. Sie sollten wissen, auf welche Speisen, Spielzeuge, Personen, Farben und andere Umstände Ihre Tiere besonders positiv reagieren und auf welche sie mit Abneigung, Furcht oder gar Aggressivität reagieren.

Dieses Wissen hilft Ihnen nicht nur bei Problemverhalten, sondern auch im täglichen Zusammenleben. So erkennen Sie, womit Sie Ihren Tieren eine Freude machen oder sie belohnen können, aber auch welche Bereiche möglicherweise problematisch sein könnten. Dies gibt Ihnen Gelegenheit, kleine Macken frühzeitig zu erkennen und daran zu arbeiten, ehe sie zu großen Problemen werden.

Die Abmilderung solcher Verhaltensweisen ist übrigens nicht nur eigennützig. Sie reduzieren so auch negativen Stress für Ihre Tiere, was sich positiv auf deren Gesundheit und Verhalten auswirkt. Auf lange Sicht kann man mit dieser Vorgehensweisen Papageien sogar ihr Zuhause retten. Denn viele Papageien verlieren aufgrund von Verhaltensproblemen, die gar nicht hätten entstehen müssen und die zudem relativ einfach zu therapieren sind, ihr Zuhause. Das ist schade und völlig unnötig.

Bei der Erstellung eines Verhaltenstagebuches ziehe ich ein tabellarisches Format vor, weil ich es am übersichtlichsten für die spätere Auswertung

finde. Die Spalten dieser Tabelle sind Datum/Uhrzeit, Auslöser, Verhalten und Konsequenz. Sie können natürlich für Ihre Analyse jedes Format wählen, dass Ihnen liegt. Denen von Ihnen, die mit meiner Tabelle arbeiten möchten, stelle ich eine PDF-Vorlage für die ABC-Analyse (https://www.dievogelschule.com/leser) zum Herunterladen und Ausdrucken zur Verfügung. Diese brauchen Sie dann nur auszufüllen und abzuheften.
Im Einzelnen gehen Sie bei der ABC-Analyse wie folgt vor:

A. Antedecent – Auslöser

Jede Verhaltensweise hat einen oder mehrere Auslöser. Diese gilt es zu identifizieren. Dazu notieren Sie jedes Mal in Ihr ABC-Analyse-Tagebuch die genaue Situation, die bestand, kurz bevor Ihr Papagei oder Sittich das unerwünschte Verhalten zeigte. Dazu gehört nicht nur, was unmittelbar geschah, bevor das Verhalten gezeigt wurde, sondern auch wie das Umfeld sich gestaltete. Details wie Tageszeit, Uhrzeit, Wetter, anwesende Personen, wo sich diese Personen genau befanden, was die Personen machten, Fütterungszustand der Tiere, was gefüttert wurde usw. sollten unbedingt notiert werden.

B. Behavior – Verhalten

Als Nächstes halten Sie das eigentliche Verhalten detailliert in Ihrem Notizbuch fest. Sie werden erstaunt sein, wie komplex selbst eine simpel erscheinende Verhaltensweise ist, wenn Sie sie genau beobachten und schriftlich detailliert beschreiben. Nehmen Sie zum Beispiel Beißen.
Oft höre ich: „Mein Vogel beißt“. Was wirklich passiert, erfahre ich erst nach vielen Fragen: Hackt Ihr Vogel kurz? Hackt er einmal oder mehrfach? Beißt er richtig zu? Verbeißt er sich und hält fest? Beißt er zu und dreht dabei den Schnabel? Wie lange beißt er zu? Lässt er von selbst wieder los? Wie sieht er dabei aus? Ist sein Gefieder aufgestellt? Wie ist seine Körperhaltung? Gibt er beim Beißen irgendwelche Laute von sich? Als Verhaltenstherapeut für Ihre Tiere müssen Sie selbst derartige

Fragen stellen und die Antworten detailliert aufzeichnen. Je besser Sie die Details schildern, desto wertvoller sind Ihre Beobachtungen und Aufzeichnungen für Ihre Verhaltenstherapie. Nur so können Sie schon im Ansatz feststellen, ob gezeigte Verhaltensweisen sich durch Ihre Therapie in irgendeiner Weise verändern.

C. Consequence – Konsequenz

Das, was direkt auf das gezeigte Verhalten folgt, wird bei der ABC-Analyse die „Konsequenz" genannt. Wenn das Verhalten nicht von selbst aufhört oder mit der Zeit sogar stärker wird, können Sie davon ausgehen, dass die Konsequenz verstärkend auf das Verhalten wirkt. Bei einer effektiven Verhaltenstherapie muss die Verstärkung von unerwünschten Verhaltensweisen unbedingt unterlassen werden. Doch viele Reaktionen sind unwillkürlich. Oft sind die Halter sich ihrer eigenen Reaktionen nicht wirklich bewusst. Für Halter, die in Eigenregie eine Verhaltenstherapie durchführen möchten, ist die genaue Analyse der Konsequenz oft der schwierigste Teil der ABC-Analyse. Man muss dafür selbstkritisch sein und die Geschehnisse mit innerem Abstand wie ein neutraler Beobachter begutachten. Falls Sie in diesem Punkt unsicher sind, besteht die Möglichkeit, Familienmitglieder oder Freunde um Hilfe zu bitten. Geeignet sind dafür Personen, die gute Beobachter sind und die sich nicht scheuen, Ihnen die „brutale" Wahrheit zu sagen. Der Nachteil eines Beobachters ist, dass seine Anwesenheit das Verhalten der Tiere verändern kann. Außerdem kann es unangenehm sein, sich von Freunden und Familie beobachten und kritisieren zu lassen. Schlimmstenfalls kann dies zu handfesten Streitigkeiten – unter den Menschen – führen.
Es funktioniert oft besser – und belastet zudem keine Ihrer persönlichen Beziehungen –, wenn Sie die Situation mit der Videokamera aufnehmen und im stillen Kämmerlein selbst kritisch mehrfach begutachten. Sie werden erstaunt sein, was Ihnen alles auffällt, das Sie vorher nicht bemerkt

hatten, insbesondere, wenn Sie sich solche Videoaufzeichnungen mehrfach anschauen. Ein weiterer Vorteil solcher Videoaufzeichnungen ist, dass Sie die Videos erfahrenen Dritten zukommen lassen können, um zusätzliche Hilfe zu erhalten. Auch Ihre Beobachtungen bezüglich der Konsequenzen notieren Sie detailliert in Ihrem Tagebuch.

Auswertung

Wenn Sie Ihre ABC-Analyse einige Tage lang durchgeführt haben, können Sie beginnen, sie auszuwerten.

Auslöser

Fangen Sie mit den Auslösern an. Schreiben Sie diese untereinander in eine Liste, zum Beipiel:

- Hund bellt
- Rotes Kissen
- Pulli wird ausgezogen
- Man umarmt sich usw.

Überlegen Sie dann, welche dieser Auslöser ohne großen Aufwand vermieden werden können. Das könnte so aussehen, dass Sie zum Beispiel das rote Kissen, dass Ihnen ohnehin nie wirklich gefiel, einfach wegwerfen. Mit den anderen Auslösern können Sie ein Desensibilisierungstraining durchführen. Wie ein solches Training durchgeführt wird, erkläre ich Ihnen im Detail im Kapitel „Verhaltenstherapie".

Konsequenzen

Als Nächstes schauen Sie sich die Konsequenzen an. Diese sind für eine erfolgreiche Verhaltenstherapie extrem wichtig, da Sie mit den Konsequenzen das unerwünschte Verhalten verstärken. Dies geschieht zwar unabsichtlich, ist aber trotzdem effektiv. Denn sonst hätten Sie das Verhaltensproblem gar nicht. Ein Tier zeigt auf Dauer nur Verhaltensweisen, die in irgendeiner Form verstärkt werden.

Datum/Uhrzeit von – bis	Umfeld	A: Was geschah unmittelbar vor dem gezeigten Verhalten?	B: Genaue Beschreibung des Verhaltens	C: Reaktion auf das Verhalten
11. Dezember ca. 15:00 – 15:03	Coco saß im Wohnzimmer auf seinem Freisitz. Wir (Mama, Papa, Oma (zu Besuch), Tim, Tina) aßen auch im Wohnzimmer, auf dem Sofa und den Sesseln.	Papa zog seinen Pullover aus.	Coco flog sofort auf Papas Schulter und biss ihm ins Ohrläppchen.	Mama und Oma haben aufgeschrieen. Tim hat gelacht. Papa hat nach Coco geschlagen. Tina hat Coco da weggeholt, damit ihm nichts passiert und ihn getröstet.

Um Erfolg mit Ihrer Verhaltenstherapie zu haben, müssen Sie also diese Konsequenzen, mit denen Sie unabsichtlich das unerwünschte Verhalten verstärken, unbedingt einstellen. Die Wichtigkeit hiervon kann ich gar nicht oft genug betonen.

Typische Konsequenzen sind:

- „Aua!" schreien
- Schimpfen
- Lachen (Sie glauben ja gar nicht, wie viele Papageien erst saftig zubeißen, bevor sie ein menschliches Lachen nachahmen)
- Den Vogel „beruhigen"
- Den Vogel in seinen Käfig setzen usw.

All diese Beispiele und viele mehr verstärken das unerwünschte Verhalten, das Sie eigentlich loswerden möchten. Sie sollten jeden dieser Verstärker unbedingt aus Ihrem Repertoire streichen.

Es gibt auch Konsequenzen, die tierschutzrelevant oder schlichtweg dumm sind. So erzählte mir ein Papageienhalter, dass er seinen Tieren in die Füße beißt, wenn sie ihn beißen. Das hat mir wirklich die Sprache verschlagen, was bei mir nicht sehr schnell vorkommt.

Wie dumm muss man sein, sein Gesicht in Schnabelnähe eines beißenden Papageis zu bringen und dem Tiere in dieser verwundbaren Position auch noch Schmerzen zuzufügen? Ich hoffe sehr, meine lieben Leser, dass Sie intelligenter sind und außerdem Ihren Tieren weder Schmerzen zufügen, sie einschüchtern noch sie sonst in irgendeiner anderen Weise bestrafen.

Unser Ziel ist es, eine tolle Beziehung mit glücklichen und gesunden Papageien aufzubauen. Es ist nicht unser Ziel, die Tiere zu malträtieren, völlig einzuschüchtern und das letzte bisschen der verbleibenden Beziehung auch noch zu zerstören. Ganz davon abgesehen, können Bestrafungen auch richtig schön nach hinten losgehen, wenn diese vom Tier als Verstärkung verstanden werden.

5. Verhaltenstraining

Sie waren beim Tierarzt, haben inzwischen begonnen, die Haltung Ihres Papageis zu optimieren und haben das Problem gründlich analysiert. Es ist soweit. Jetzt sind wir endlich in der Lage, mit dem eigentlichen Verhaltenstraining anzufangen. Das Verhaltenstraining beruht darauf, bestimmte Situationen, in denen Ihr Vogel aggressiv reagiert, durch gezieltes Training zu verbessern.
In fast allen Fällen wird dabei eine Desensibilisierung durchgeführt. Durch das Training lernt das Tier, bestimmte Reize – Menschen, Situationen, andere Tiere oder Gegenstände –, auf die es vormals aggressiv reagierte, nunmehr mit Gelassenheit hinzunehmen.

Bevor wir anfangen

Bevor wir anfangen, möchte ich Ihnen noch ein paar wichtige Hinweise geben:

Vermeiden Sie es, gebissen zu werden

Beißen ist eine selbstverstärkende Verhaltensweise. Das bedeutet, dass die Aktion des Beißens für viele Tiere befriedigend ist und dadurch die Belohnung bereits in sich beinhaltet. Darüber hinaus ist es fast unmöglich auf einen Biss nicht irgendeine Reaktion zu zeigen, die das Verhalten verstärken könnte.
Papageien sind sehr akkurate Leser selbst der subtilsten Körpersprache. Selbst wenn Sie es also schaffen sollten, ihre bewussten Reaktionen auf

einen Biss völlig zu kontrollieren, wird Ihnen dies mit ihren unbewussten Reaktionen nicht gelingen. Wenn Sie gebissen werden, wird sich zum Beispiel Ihre Atmung verändern. Möglicherweise werden sie nach Luft schnappen. Ihre Pupillen werden reagieren. Sie werden unwillkürlich zusammenzucken. Ihre Mimik wird sich verändern, und sei es nur, dass Ihr Gesicht starr wird bei dem Versuch, sich nichts anmerken zu lassen. All dies wird Ihr Papagei, ausgezeichneter Beobachter, der er ist, registrieren. Und es wird sein Verhalten möglicherweise verstärken.

Deswegen sollten Sie unbedingt Situationen vermeiden, in denen Sie gebissen werden könnten. Dementsprechend müssen Sie Ihr eigenes Verhalten anpassen.

- Trainieren Sie zunächst mit Ihrem Vogel im Käfig, bis sein Verhalten sich gebessert hat.
- Einen beißenden Papagei sollten Sie niemals auf Ihre Schulter lassen. Es ist einfach viel zu gefährlich, insbesondere auch wegen der Nähe zu wirklich empfindlichen Körperteilen wie Augen, Ohren usw. Sie könnten dauerhaften Schaden davontragen.
- Behalten Sie Ihren Papagei im Auge. Wenn er zum Beispiel auf Ihrer Schulter, auf Ihrem Kopf oder auf der Sofalehne hinter Ihnen sitzt, ist es für Sie unmöglich seine Körpersprache zu sehen und rechtzeitig zu erkennen, wenn er aggressiv wird. Dies ist aber wichtig, wenn Sie vermeiden wollen, angegriffen zu werden.
- Wenn Sie Ihren Vogel transportieren müssen, verwenden Sie dazu ein Stöckchen, anstatt ihn auf die Hand zu nehmen. Dabei können Sie gegebenenfalls Ihre Hand mit einem über das Stöckchen gestülpten Becher, wie in Band I „Clickertraining für Papageien, Sittiche und andere Vögel“ gezeigt, schützen.
- Wenn Ihr Vogel offensichtlich gerade einen Aggressionsschub hat, sollten Sie ihn in Ruhe lassen, bis er sich wieder beruhigt hat. Warten Sie auch bis er ruhig und entspannt ist, bevor Sie ihn zum Freiflug aus der Voliere lassen.

- Wenn Ihr Vogel Sie aggressiv anfliegt, ducken Sie sich weg. Keiner verlangt von Ihnen, dass Sie ihn landen lassen und darauf warten, dass er kräftig zubeißt.
- Falls doch eine Situation entstehen sollte, in der Ihr Vogel unmittelbar davorsteht, Sie zu beißen, ballen Sie Ihre Hand schnell zur Faust. Diese halten Sie ihm mit dem Handrücken hin. Aufgrund der Spannung der Haut und der Größe Ihrer Faust kann er sie so nicht beißen. Achten Sie dabei darauf, dass Sie Ihre Hand immer so drehen, dass er immer den Handrücken vor sich hat. Die geballte Faust nutzt Ihnen nicht viel, wenn Ihr Vogel es schafft, von der Seite in Ihre Hand zu beißen (Band I).

Bisse vermeiden bedeutet auch, dass Sie äußerst sensibel mit Ihrem gefiederten Freund umgehen. Bewegen Sie sich langsam und beobachten Sie seine Körpersprache. Bedrängen Sie Ihren Papagei nicht. Es ist unnötig, wenn nicht sogar tierquälerisch, den Vogel anfassen zu wollen, wenn er es nicht möchte. Wenn Sie ein Streicheltier möchten, müssen Sie sich schon die Zeit nehmen, langsam sein Vertrauen aufzubauen, bis er sich freiwillig anfassen lässt. Die Vorgehensweise hierzu habe ich im Detail in Band I „Clickertraining für Papageien, Sittiche und andere Vögel" erläutert.

Achten Sie bitte auch beim Training auf Sicherheit und lassen Sie sich nicht beißen! Dazu gehört auch, dass Sie zur Leckerligabe ein Leckerlischälchen oder zumindest einen langstieligen Löffel verwenden. Gegebenenfalls können Sie Ihre Hand zusätzlich schützen, indem Sie einen großen, ausgedienten Joghurtbecher über den Löffelstiel schieben (Band I).

Wenn er Sie trotzdem beißt oder angreift

Falls Ihr Vogel Sie, trotz aller Bemühungen, dies zu vermeiden, doch mit dem Schnabel erwischen sollte, gibt es einige Verhaltensregeln, die Sie unbedingt befolgen sollten. Diese minimieren den Schaden für Sie und Ihren Vogel und vermeiden die Verstärkung des Verhaltens.

Wenn er an Ihnen „festhängt“

Wenn Ihr Vogel sich in ihre Hand verbissen hat, dürfen Sie diese auf keinen Fall wegziehen. Der Biss und die damit einhergehende Verletzung werden dadurch nur schlimmer. Wenn Sie ziehen, wird Ihr Papagei dadurch nicht loslassen, sondern eher noch fester zubeißen. Dadurch und durch den Zug kann die Wunde zusätzlich verschlimmert werden. Außerdem könnten Sie Ihren Papagei versehentlich, je nachdem, wie heftig Sie diese Bewegung durchführen, verletzen, ja sogar das Genick brechen. Ich gehe davon aus, dass Sie das nicht wollen, unabhängig davon, wie aufgebracht Sie in dem Moment gegen Ihren Vogel sind.

Vollkommen kontraintuitiv, aber viel besser weil effektiv ist es, die gebissene Hand sanft in Richtung Vogelkörper und dann nach oben zu schieben. Aus anatomischen Gründen muss der Vogel dann loslassen. Achten Sie dabei aber unbedingt darauf, dass Sie diese Bewegung zügig aber sanft durchführen. Sie dürfen Ihren Vogel dabei auf keinen Fall aus dem Gleichgewicht bringen oder gar von seiner Sitzgelegenheit schubsen. Wenn Sie zu rabiat vorgehen, kann es passieren, dass Ihr Vogel in Panik noch fester zubeißt, damit er nicht von seiner Sitzgelegenheit fällt.

Was Sie auf keinen Fall tun sollten, weil es nichts bringt oder die Situation noch verschlimmert:

„Aua!“ & Co.

Papageien lieben das Drama. Wenn Sie also herumbrüllen, schimpfen, wenn jemand lacht etc., kann das alles sehr leicht vom Vogel als Belohnung angesehen werden. Mit derartigen Lautäußerungen verstärken Sie das Beißverhalten Ihres Vogels.

Den Vogel schlagen

Niemals sollten Sie Ihr Tier schlagen oder sonstwie bestrafen! Sie zerstören damit Ihre Beziehung zueinander, sein Vertrauen in Sie und sein Gefühl der Sicherheit. Das ist es einfach nicht wert.

Wenn Sie sich abreagieren müssen, dann verprügeln Sie meinetwegen Ihr Kopfkissen, gehen Sie joggen oder bekommen Sie einen Schreikrampf im Treppenhaus. Aber reagieren Sie sich auf keinen Fall am Vogel ab. Er ist viel kleiner als Sie. Er hat es sich nicht ausgesucht, in Gefangenschaft zu leben. Und ihm geht es mit Sicherheit noch viel dreckiger als Ihnen. Ein glücklicher Vogel beißt nicht. Haben Sie Mitgefühl mit ihm und seiner Situation!
Wie bereits mehrfach erwähnt, verwenden wir Bestrafung nicht. Sie ist vollkommen konträr zu den Grundsätzen des Clickertrainings, das auf einem respekt- und liebevollen Umgang mit dem Tier beruht. Abgesehen von dieser Grundsatzeinstellung, sind Bestrafungen aber auch nicht zweckdienlich. Der Stresslevel und die Angst des Tieres werden erhöht und das Vertrauen reduziert. All dies begünstigt Beißen und Aggressionen.

Auszeit

Viele Halter setzen Ihren Vogel als Strafe für Fehlverhalten in seinen Käfig. Bedenken Sie, dass Sie in dem Moment, in dem Sie den Vogel hochnehmen, um ihn wegzusetzen, diesem Aufmerksamkeit schenken. Sie verstärken das unerwünschte Verhalten also.
Aufgrund der Zeitverzögerung, ist es außerdem unwahrscheinlich, dass der Vogel sein Beißen mit dem In-den-Käfig-sperren in Zusammenhang bringt. Also ist es als Korrekturmaßnahme ohnehin nicht effektiv. Sensible Vögel können außerdem durch solche Isolationsmaßnahmen weiter verunsichert werden. Dies begünstigt den destruktiven Kreis von zusätzlichem Stress, Angst, usw. und somit Beißen und Aggressionen.

Erdbeben

Vielfach wird propagiert, einen beißenden auf der Hand oder auf dem Arm sitzenden Vogel durch heftige auf und ab Bewegungen aus dem Gleichgewicht zu bringen, damit er aufhören muss, zu beißen.

Wenn Sie heftig genug mit Ihrem Arm herumfuchteln und der Vogel flugfähig ist, kann es sein, dass Sie ihn damit abschütteln. Genausogut kann es aber sein, dass sich der Vogel aus Angst zu fallen erst recht in Ihren Arm verbeißt. Außerdem hindert es ihn nicht daran, in Zukunft wieder zu beißen. Er hat also nichts gelernt – und das ist es doch, worauf wir schlussendlich hinauswollen. Darüberhinaus hat die Erdbeben-Methode den negativen Effekt, dass Ihr Vogel lernt, dass Ihre Hand oder Ihr Arm kein sicherer Sitzplatz ist. Dadurch können dann Probleme entstehen, wie zum Beispiel seine Verweigerung, überhaupt auf die Hand zu gehen, was man ihm dann mühsam wieder beibringen muss. Es kann auch sein, dass er dadurch lernt, sich mit seinen Krallen sehr stark am Arm oder an der Hand festzuklammern, was durchaus schmerzhaft sein kann.

Ducken

Fliegt ein aggressiver Vogel Sie an, sollten Sie ihn auf keinen Fall auf sich landen lassen. Ducken Sie sich weg, sodass er woanders landen muss. Es gibt manche Halter, denen dies auf Anhieb nicht gelingt. Gehören Sie zu diesen – bitte nicht verzagen. Dieses Wegducken kann man üben. Der Trick dabei ist, kurz vor der Landung mit dem Oberkörper eine schnelle ruckartige Bewegung nach unten zu machen, sodass der Vogel über sein Ziel hinauschießt. In diesem Zusammenhang müssen Sie natürlich schon darauf achten, dass in den Räumlichkeiten genügend für den Vogel interessante und für Sie akzeptable Anflug- und Sitzstellen zur Verfügung stehen.

Ignorieren

Wie immer beim Clickertraining sollten Sie, auch wenn Sie gebissen werden, das ungewollte Verhalten völlig ignorieren, damit Sie es nicht unabsichtlich verstärken. Das ist leichter gesagt als getan, da unwillkürliche Schmerzreaktionen kaum abzustellen sind. Abhilfe können Sie schaffen, indem Sie sich sofort wortlos umdrehen und aus dem Raum gehen. Durch das Umdrehen, erschweren Sie Ihrem Vogel das Lesen Ihrer Körpersprache, da er Ihre Mimik und Ihre Pupillen nicht mehr sehen kann. Das ist das Beste, das Sie in dieser Situation machen können. Natürlich sollte dies die absolute Ausnahmesituation sein, da Sie es unbedingt vermeiden sollten, gebissen zu werden.

Vorsicht! Extinktionsausbruch

Wenn ein Lebewesen für ein bestimmtes Verhalten immer eine Belohnung bekam und diese plötzlich wegfällt, zeigt es häufig einen Extinktionsausbruch. Dabei zeigt das Tier das Verhalten, das bislang belohnt wurde, in einer extremeren Variante. Beim Training wird dies verwendet, um Shaping-Übungen durchzuführen (Band I). Beim Abtrainieren von ungewollten Verhaltensweisen, kann dies leider dazu führen, dass diese Verhaltensweise zunächst intensiver gezeigt wird. Bei Beißern und aggressiven Vögeln bedeutet dies, dass das Tier zunächst noch aggressiver werden kann. Hier gilt es nun, konsequent zu bleiben. Wenn Sie jetzt einknicken, hat das Tier gelernt, dass heftiger zuzubeißen oder aggressiver anzugreifen sich lohnt. Das Verhalten ist also schlimmer anstatt besser geworden. Das darf natürlich auf keinen Fall geschehen. Deswegen müssen Sie wirklich darauf achten, dass keiner das Tier in irgendeiner Weise verstärkt, wenn das Fehlverhalten ignoriert wird und es daraufhin heftiger reagiert.

Allgemeines Training

Das einfachste Mittel, um Beißen, ja ungewünschte Verhaltensweisen überhaupt, abzugewöhnen, ist das allgemeine Training. Es baut die Beziehung zwischen Ihnen und Ihrem Tier auf, lastet es geistig und körperlich aus und gibt ihm die Möglichkeit, mit Ihnen Kommunikationswege außerhalb des Beißens zu finden.

Ich möchte Ihnen deshalb ans Herz legen, zumindest die Übungen in Clickerbuch Band I „Clickertraining für Papageien, Sittiche und andere

Vögel" mit Ihrem Vogel zusätzlich zum Aggressions-Training durchzuarbeiten. Je mehr Sie sich mit dem Tier positiv beschäftigen, desto besser wird Ihre Beziehung werden.

Erinnerung

Achten Sie beim Training stets darauf, Ihren Vogel nicht zu überfordern. Hören Sie mit dem Training immer dann auf, wenn es gerade am Schönsten ist, und geben Sie Ihrem Vogel zum Abschluss einen Jackpot. So behält er das Training in guter Erinnerung. Denken Sie auch daran, dass Ihr Vogel das Tempo vorgibt. Die nachfolgenden Übungen können Stunden, Tage, Wochen oder auch Monate dauern, je nach Vorgeschichte und Persönlichkeit des Tieres sowie Ihrem Geschick als Trainer.
Haben Sie Geduld, seien Sie sensibel und orientieren Sie sich nicht an Ihren eigenen Wünschen, sondern einzig und allein an der Lerngeschwindigkeit Ihres Tieres. So werden Sie beim Training die besten Erfolge erzielen. Sie werden hoffentlich noch viele Jahre, ja sogar Jahrzehnte, mit Ihrem Vogel zusammenleben. Ein paar Tage mehr oder weniger fallen da im großen Schema der Dinge kaum ins Gewicht. Geben Sie Ihrem Vogel die Zeit, die er benötigt, seine Lektionen zu erlernen.

Training im Käfig

Im und um den Käfig herum können manche Papageien besonders aggressiv sein. Gezielte Übungen können wesentlich dazu beitragen, dass Ihr Papagei entspannt bleibt und Sie problemlos an den Käfig herantreten, ihn säubern, sowie Futter- und Wasserschalen wechseln können. Im Nachfolgenden erläutere ich Ihnen im Detail, wie Sie solche Übungen durchführen können.
Außerdem sollten Sie bei aggressiven Vögeln auch alle anderen Übungen, die Sie mit Ihrem Vogel trainieren möchten, immer zuerst mit ihm im Käfig üben. So sind Sie vor Bissen geschützt, falls das Training mal

nicht so läuft, wie Sie es sich gedacht haben. Erst wenn Sie die Übung mit Ihrem Vogel im Käfig hunderprozentig zuverlässig ohne Aggressionsverhalten seinerseits durchführen können, sollten Sie dieselbe Übung auch außerhalb des Käfigs trainieren.

Annäherung an den Käfig

Manche Papageien greifen durch das Käfiggitter an, wenn man sich dem Käfig nähert. Entspanntes Verhalten im Käfig trainieren Sie wie folgt: Gehen Sie auf Komfortabstand zum Käfig. Das ist der Abstand, bei dem Ihr Vogel noch keinerlei negative Reaktionen zeigt. Der Komfortabstand und wie er ermittelt wird ist im Detail in Band I beschrieben. Sitzt Ihr Vogel also entspannt in seinem Käfig, während Sie sich auf Komfortabstand zu ihm befinden, clicken und belohnen Sie ihn dafür.

Dann treten Sie minimal – einen Minischritt – näher an den Käfig heran. Je nachdem, wie Ihr Vogel reagiert, kann es durchaus sein, dass Sie nur einen einzigen Zentimeter nähertreten können. Ihr Vogel und seine Reaktion sind wie immer Ihre Richtlinie bei dieser Übung. Zeigt Ihr Vogel eine Abwehrreaktion, sind Sie bei der Annäherung zu forsch gewesen und haben einen zu großen Schritt vorwärts gemacht.

In dem Fall gehen Sie auf den Komfortabstand zurück. Warten Sie, bis der Vogel wieder ganz ruhig und entspannt ist. Clicken und belohnen Sie dies. Dann versuchen Sie wieder, minimal näherzukommen. Diesmal sollte es aber wirklich nur ein Minischritt von einem Zentimeter sein. Sie kommen schlussendlich mit Minischritten viel schneller voran als mit großen Schritten, die Ihren Vogel überfordern. Halten Sie sich also zurück.

Achten Sie bitte auch darauf, Ihren Vogel nicht mit Ihren Augen zu fixieren. Sie wollen ihm auf keinen Fall den Eindruck geben, dass Sie ein Raubtier sind, dass sich an seine nächste Mahlzeit – ihn – heranpirscht. Schauen Sie ihn also nur von der Seite an und blinzeln Sie häufig mit Ihren Augen. Dies signalisiert Ihrem Vogel Entspannung (Band I).

Ist Ihr Vogel bei Ihrem neuen Abstand völlig entspannt, clicken Sie und geben Sie ihm ein Leckerli. Dann gehen Sie wieder ein kleines Stückchen näher. Warten Sie wieder, bis Ihr Vogel völlig entspannt ist. Clicken und belohnen Sie ihn. In dieser Weise fahren Sie fort, bis Sie vor dem Käfig stehen und Ihr Vogel dennoch entspannt und unaggressiv bleibt. Anschließend gehen Sie wieder auf die ursprüngliche Entfernung zurück und versuchen diesmal, sich dem Käfig in etwas größeren Schritten zu nähern. Wieder pausieren Sie nach jedem Annäherungsschritt, warten bis Ihr Papagei völlig entspannt ist und belohnen ihn mit Click und Leckerli. Diese Übung führen Sie immer wieder mit allmählich größer und auch schneller werdenden Schritten durch, bis Sie und vor allen Dingen Ihr Papagei so weit sind, dass Sie sich dem Käfig im normalen Schritttempo zügig nähern können und er dennoch ruhig bleibt.

Annäherung anderer Personen

Falls Ihr Papagei auch bei der Annäherung anderer Personen aggressiv reagiert, müssen Sie diese Übung als Transferübung (Band I) mit jeder dieser anderen Personen ebenfalls trainieren. Dabei gehen Sie Schritt für Schritt genauso vor wie beim Training der Originalübung. Erfahrungsgemäß werden Transferübungen schneller erlernt als die dazugehörigen Originalübungen. Dennoch sollten Sie keinen Schritt überspringen, sondern die Übung Schritt für Schritt genauso einüben wie oben aufgeführt, damit Sie ihren Vogel nicht überfordern.

Annäherung anderer Haustiere

Auch die Annäherung anderer Haustiere kann geübt werden. Hierzu ist es am besten, wenn Sie das andere Haustier – je nach Art und Größe – an die Leine oder auf die Hand nehmen, damit Sie die Geschwindigkeit der Annäherung kontrollieren können.

Beobachten Sie bitte nicht nur das Verhalten Ihres Vogels, um den es bei der Übung geht, sondern auch die des anderen Tieres. Vielleicht hat

Ihr Vogel ja guten Grund auf das andere Tier aggressiv beziehungsweise abwehrend zu reagieren. In jedem Fall sollten Sie das andere Tier Schritt für Schritt ebenfalls belohnen: für seine Geduld, für sein gutes Benehmen und auch, damit es nicht eifersüchtig wird, wenn Ihr Vogel ein Leckerli nach dem anderen bekommt, während es selbst leer ausgeht.

Annäherung von Gegenständen

Auch die Sensibilisierung von Gegenständen führen Sie mit obiger Annäherungsübung durch. Es ist nichts anderes als eine weitere Variation einer Transferübung. Sie gehen mit dem aggressionsauslösenden Gegenstand auf Komfortabstand und nähern sich Schritt für Schritt. Auch hier müssen Sie darauf achten, dass Ihr Papagei völlig entspannt ist, bevor Sie ihn clicken und belohnen.

Futternäpfe wechseln

Viele Papageienhalter werden beim Hantieren im Käfig gebissen. Das ist an sich kein Wunder. Man greift schnell in den Käfig hinein und das Tier fühlt sich – auch noch in seinem eigenen Territorium – bedrängt. Noch schlimmer wird dies, wenn der Käfig zu klein ist und das Tier keine Ausweichmöglichkeiten hat. Wenn Flucht keine Option ist, wird eben mit Angriff reagiert. Oft hilft es schon, wenn Sie etwas sensibler beim Hineingreifen vorgehen. Bewegen Sie sich zum Beispiel langsamer oder warnen Sie den Vogel vor, indem Sie mit ruhiger Stimme ankündigen, was Sie vorhaben. Darüberhinaus können Sie natürlich mit gezieltem Training einiges erreichen.

Falls Ihr Vogel bereits aggressiv auf Sie zurennt, wenn Sie sich dem Käfig nähern, müssen Sie die bereits beschriebene „Annäherung an den Käfig“-Übung zuerst trainieren. Nehmen wir einmal an, Sie haben dies gemacht, Ihr Vogel sitzt ruhig da, während Sie an den Käfig herantreten. Doch in dem Moment, in dem Sie die Käfigtür öffnen, wird er aggressiv. Das bedeutet, dass Sie auch diese Situation speziell üben müssen.

Hierzu brechen Sie zunächst die Aktion des Käfigtüröffnens in viele kleine Schritte herunter. Diese üben Sie einzeln, bis Ihr Vogel das Käfigöffnen problemlos toleriert.
Genauso verfahren Sie mit den anderen Teilübungen aus denen die Gesamtübung des Futternapfwechselns besteht, wie zum Beispiel in den Käfig greifen, die Futterschale aus dem Käfig nehmen usw. Ich habe diese Teilübungen und wie man sie trainiert nachfolgend einzeln aufgeführt. Dies mag Ihnen geradezu lächerlich detailliert erscheinen. Dennoch ist es genau diese Akribie im Detail, die beim Aggressions-Training am schnellsten zum Erfolg führt. Da man das Tier nicht überfordert und sehr behutsam vorgeht, bleibt es eher entspannt, anstatt das Training als stressig und unangenehm zu empfinden, was wiederum die Aggressionsbereitschaft deutlich erhöhen würde.

Vor dem Käfig stehend, die Hand heben

Oft haben Papageien schlechte Erfahrungen mit Händen gemacht, sodass Sie auf deren Anblick empfindlich reagieren. Das Heben der Hand üben Sie natürlich wie jede Annäherung in vielen kleinen Schritten mit Clicks und Leckerli.
Sie fangen mit der schlaff herabhängenden Hand an. Ist ihr Vogel völlig entspannt, clicken und belohnen Sie dies. Dann heben Sie die Hand einen Zentimeter an. Ist Ihr Vogel immer noch entspannt, clicken und belohnen Sie dies ebenfalls. Dies wiederholen Sie, bis sie zu dem Punkt kommen, an dem Sie erste Unruhe oder gar Abwehrverhalten beobachten können. Senken Sie Ihre Hand wieder zum vorherigen Schritt. Warten Sie erneut, bis Ihr Vogel völlig entspannt ist. Clicken und belohnen Sie Ihren Vogel auf dieser Stufe ein paarmal, ehe Sie den Versuch wagen, Ihre Hand einen weiteren Zentimeter zu heben.
Ist Ihr Vogel dabei völlig entspannt, clicken und belohnen Sie ihn. Wenn nicht, warten Sie ab, bis er sich wieder beruhigt hat. Erst dann clicken und belohnen Sie ihn. Auf diese Weise arbeiten Sie sich allmählich vor,

bis Sie Ihre Hand heben und an die Tür legen können, ohne dass Ihr Vogel irgendwelche Zeichen des Unwohlseins erkennen lässt.

Die Tür öffnen

Als Nächstes üben Sie, die Tür zu öffnen. Das Ziel hierbei ist, dass Ihr Vogel lernt, nicht zur Tür zu rasen, sondern sich auf einen Sitzast zu setzen, der sich weit von den Futterschalen, die Sie wechseln möchten, entfernt befindet. Es bietet sich an, das Leckerlischälchen für die Belohnungen in unmittelbarer Nähe zu diesem Sitzast anzubringen, damit Ihr Vogel Grund hat, zu diesem Sitzast zu gehen und dort zu bleiben.

Die Ausgangssituation für das Training ist die, dass Ihr Vogel bereits auf diesem Sitzast sitzt. Dies üben Sie mithilfe des Targetsticks, der „Auf Deinen Platz"- und der „Bleib"-Übung aus Band II „Mehr Clickertraining für Papageien, Sittiche und andere Vögel" ein.

Im Grunde genommen ist die „Tür öffnen"-Übung nichts anderes als eine „Bleib"-Übung unter erschwerten Bedingungen. Die Übung ist erschwert für Ihren Vogel, weil er während des „Bleibs" durch eine Tätigkeit Ihrerseits abgelenkt wird, auf die er normalerweise aggressiv reagieren würde. Die Übung ist erschwert für Sie, da Sie nicht nur seine Aktion „Bleib", sondern insbesondere auch die positiven Emotionen Ihres Vogels gezielt verstärken müssen.

Es geht beim Anti-Aggressions-Training immer wieder darum, das Tier dafür zu belohnen, dass es ruhig und entspannt bleibt. Dadurch erlernt es mit der Zeit eine ruhige und entspannte Grundhaltung, anstatt fortwährend angespannt zu sein und beim kleinsten Reiz aggressiv zu reagieren.

Die eigentliche „Tür öffnen"-Übung ist recht einfach und folgt dem bekannten Schema: Sie öffnen die Tür in Minischritten, achten dabei stets auf die Befindlichkeit Ihres Vogels und clicken und belohnen entspanntes Verhalten. Die einzige Änderung ist die, dass Sie Ihren Vogel, sollte er seinen „Bleib"-Platz verlassen, mithilfe des „Auf Deinen Platz"-Kommandos beziehungsweise des Targetsticks wieder dorthin zurückführen.

Falls Ihr Vogel die vorher erlernten „Auf Deinen Platz“- und „Bleib“-Kommandos nicht befolgt, kann dies zwei Ursachen haben:

1. Das jeweilige Kommando wurde nicht gründlich genug gelernt. In dem Fall müssen Sie daran mit Ihrem Vogel noch etwas arbeiten. Üben Sie einfach die „Auf Deinen Platz“-Übung noch gründlicher als zuvor ein.
2. Ihr Vogel ist zu aufgeregt. Das bedeutet, dass Sie bei der „Tür öffnen“-Übung zu schnell vorgegangen sind. Gehen Sie in der Übung so viele Trainingsschritte zurück wie notwendig, damit Ihr Vogel wieder ganz entspannt ist. Dann machen Sie mit der Übung in viel kleineren Schritten als zuvor weiter.

In den Käfig greifen

Die nächste Teilübung ist, Ihren Vogel daran zu gewöhnen, dass Sie in den Käfig hineingreifen. Der Ausgangspunkt ist, dass Sie mit erhobener Hand unmittelbar vor der geöffneten Käfigtür stehen, während Ihr Vogel entspannt auf seinem Sitzast sitzt. Dies haben Sie in den vorhergehenden Übungen eingehend trainiert.

Nun bewegen Sie Ihre Hand langsam und vorsichtig einen Zentimeter tief in den Käfig hinein. Beobachten Sie dabei Ihren Vogel. Warten Sie bis er völlig entspannt ist, dann clicken und belohnen Sie ihn.

Bewegen Sie Ihre Hand nun einen weiteren Zentimeter in den Käfig in Richtung Futterschale hinein. Ist Ihr Vogel immer noch völlig entspannt? Prima. Clicken und belohnen Sie ihn.

Ist er angespannt? Wenn ja, gehen Sie im Training wieder einen Schritt zurück. Warten Sie, bis Ihr Vogel sich wieder völlig entspannt hat, und belohnen Sie auf dieser Entfernung mehrfach sein entspanntes Verhalten mit Click und Belohnung. Erst dann versuchen Sie, wieder einen Zentimeter näherzukommen. Wenn Sie auf dem vorherigen Level lange genug geübt haben, sollte er auch hier völlig entspannt bleiben. Dies clicken und belohnen Sie. Wiederholen Sie dies so oft, bis der Vogel auch entspannt

bleibt, wenn Sie wieder einen Zentimeter weiter in den Käfig in Richtung der Futterschale hineingreifen. So arbeiten Sie sich Zentimeter für Zentimeter an den Fressnapf heran.
Wenn Sie diesen Übungsteil erfolgreich absolviert haben, sollten Sie ihn in größeren und dann schnelleren Übungsschritten üben, bis Ihr Tier völlig entspannt auf seinem Platz sitzen bleibt, wenn Sie in den Käfig hinein zur Futterschale greifen. Dies ist allerdings erst dann möglich, wenn Sie auch das Entfernen Ihrer leeren Hand aus dem Käfig geübt haben. Diese beiden Teilübungen können Sie natürlich nur zusammen üben.

Die leere Hand aus dem Käfig nehmen
Denken Sie daran, dass Sie das Hand-aus-dem-Käfig-nehmen genauso vorsichtig und schrittweise mit Ihrem Vogel üben müssen, wie das In-den-Käfig-greifen. Im Anschluss trainieren Sie beide Teilübungen zusammen in immer größeren und schnelleren Schritten, bis Sie problemlos in Normalgeschwindigkeit in den Käfig hineingreifen und Ihre Hand wieder herausnehmen können.

Den Fressnapf aus der Halterung heben
Der nächste Teil der Übung besteht darin, den Fressnapf aus der Halterung zu heben. Oft reagieren die Papageien hierauf empfindlich, da Sie nun einen Gegenstand – nämlich den Fressnapf – in der Hand halten. Gehen Sie auch hier wieder in Minischritten vorwärts.
Wenn Sie hierzu eine zweite Hand im Käfig benötigen, müssen Sie das Einbringen der zweiten Hand in den Käfig und deren anschließendes Entfernen aus dem Käfig genauso üben, wie Sie es für die erste Hand bereits gemacht haben. Erst dann können Sie damit beginnen, das Fressnapf-aus-der Halterung-nehmen zu üben. Auch hierbei gehen Sie wie bereits mehrfach beschrieben in Minischritten vor. Beobachten Sie dabei stets Ihren Papagei, clicken und belohnen Sie seine Entspanntheit bei jedem Schritt.

Auch bei dieser Teilübung gehört das Gegenstück, den Fressnapf wieder in die Halterung zu hängen, mit dazu. Beide Übungen üben Sie zusammen erst langsam und vorsichtig und allmählich in immer größer und schneller werdenden Schritten ein, bis Sie die Futterschale in Normalgeschwindigkeit aus der Halterung nehmen und auch wieder einhängen können.

Den Fressnapf aus dem Käfig nehmen

Als Nächstes müssen Sie den Fressnapf aus dem Käfig nehmen. Auch hierauf reagieren manche Papageien mit Aggressionen. Sie müssen also weiterhin langsam und vorsichtig unter genauer Beobachtung Ihres Papageis und häufigen Clicks und Belohnungen für entspanntes Verhalten vorgehen. Bewegen Sie Ihre Hand mit dem Fressnapf zentimeterweise aus dem Käfig heraus. Pausieren Sie bei jedem Zentimeter, beurteilen Sie, ob Ihr Vogel noch entspannt ist und clicken und belohnen Sie diese Entspanntheit.

Bemerken Sie, dass Ihr Vogel anfängt zu verspannen, pausieren Sie sofort und warten Sie, bis er sich wieder völlig entspannt hat. Dann clicken Sie und geben ihm ein Leckerli. So arbeiten Sie sich allmählich mit dem Fressnapf aus dem Käfig heraus.

Den Fressnapf in den Käfig hängen

Im Anschluss daran, bringen Sie den Fressnapf wieder in den Käfig hinein. Gehen Sie auch hier stets zentimeterweise unter Beobachtung der Befindlichkeit Ihres Vogel und mit vielen Clicks und Belohnungen vor. Nachdem Sie erfolgreich den Fressnapf in den Käfig gehängt haben, sollten Sie die Abfolge Fressnapf entfernen und Fressnapf in den Käfig hängen in immer größer und zügiger werdenden Schritten üben.

Die Gesamtübung

Nachdem Sie alle Einzelkomponenten des Fressnapfwechselns gründlich geübt haben, müssen Sie nunmehr die Einzelteile zu einem

Gesamtbewegungsablauf zusammenfügen. Wenn Sie die Einzelteile gründlich geübt haben, sodass Sie diese jeweils problemlos in Normalgeschwindigkeit durchführen können, sollte dies eigentlich völlig unproblematisch sein. Führen Sie den Gesamtablauf zunächst langsam und vorsichtig in Zentimeterschritten durch. Hierbei clicken und belohnen Sie Ihr Tier zunächst bei jedem kleinen Schritt für entspanntes Verhalten. Allmählich werden auch bei der Gesamtübung die Einzelschritte größer und schneller durchgeführt.
Funktioniert dies problemlos, schleichen Sie langsam den Clicker aus. Da beim Üben die Schritte immer größer werden, passiert dies fast von selbst. Sie werden recht schnell an dem Punkt angelangt sein, zu dem jedes Übungsteil aus nur noch einem einzigen Schritt besteht, der geclickt und belohnt wird.
Als Nächstes werden die einzelnen Übungsteile miteinander verschmelzen. Das kann dann so aussehen, dass Sie an den Käfig treten, die Tür öffnen und den Futternapf greifen; Click und Belohnung. Dann nehmen Sie den Futternapf aus der Halterung und aus dem Käfig, nehmen den frischen Futternapf, bringen diesen in den Käfig und hängen ihn in die Halterung; Click und Belohnung. Nehmen Sie Ihre Hand aus dem Käfig, schließen Sie die Tür und geben Ihrem braven Vogel zum Abschluss noch einen Jackpot.
Allmählich sollten Sie dann den Clicker so weit ausschleichen, dass Ihr Vogel zum Schluss nur nach erfolgreich absolvierter Gesamtübung geclickt und belohnt wird.
Diese gesamte Übung sollte dann noch auf Kommando gesetzt werden, damit Ihr Vogel weiß, was als Nächstes passiert und dass er jetzt auf seinem Platz bleiben soll. Sie könnten zum Beispiel sagen: „Jetzt gibt‘s Abendessen“, bevor Sie die Übung beginnen. Zum Abschluss, wenn Ihr Vogel sich wieder frei im Käfig bewegen und vor allen Dingen an die Futterschale gehen darf, könnten Sie sagen „Hau rein“ oder, wenn Sie es höflicher mögen, „Guten Appetit!“.

Reizsituationen

Aus Sicherheitsgründen sollten Sie bei aggressiven Vögeln jegliches Training zuerst im Käfig durchführen, damit Sie vor Bissen oder Angriffen geschützt sind. Erst wenn die Übung im Käfig sitzt, wird dieselbe Übung außerhalb des Käfigs trainiert. Im Grunde genommen ist dies nichts anderes als eine Transferübung an einem anderen Ort zu trainieren, wie wir es beim Clickertraining fast mit jeder Übung durchführen.
Ein Teil des Anti-Aggressions-Trainings ist es, gezielt Reizsituationen zu üben, auf die Ihr Vogel normalerweise aggressiv reagiert. Das Ziel ist, dass Ihr Vogel zum Schluss völlig entspannt bleibt, auch wenn er mit Situationen konfrontiert wird, auf die er zuvor mit aggressivem Verhalten reagierte. Welche Situationen Sie üben müssen, ergibt sich hierbei aus den Resultaten Ihrer ABC-Analyse. Diese werden für jeden von Ihnen unterschiedlich sein.
Das ist aber nicht weiter schlimm, da die Vorgehensweise in jedem Fall die Gleiche ist. Zuerst zerlegen Sie die Reizsituation in so viele Minischritte, wie nur irgendwie möglich. Je kleiner die Schritte, desto leichter und erfolgreicher können Sie das Training durchführen. Auf keinen Fall dürfen Sie Ihren Vogel überforderen, indem Sie das Training in zu großen Schritten angehen. Sie würden damit scheitern.
Nachdem Sie die einzelnen Trainingsschritte identifiziert haben, üben Sie jeden einzelnen von diesen, bis Ihr Vogel völlig entspannt dabei ist und von Ihnen dafür geclickt und belohnt werden kann. Wenn Ihr Vogel bei jedem dieser Minischritte völlig entspannt ist, können Sie allmählich damit anfangen, die Schritte erst schneller durchzuführen und dann zu größeren Schritten zusammenzufassen. Das Ziel ist es, zum Schluss eine komplette Bewegungsabfolge eingeübt zu haben, die Sie zügig und ohne jegliches aggressives Verhalten seitens Ihres Vogels durchführen können. Erst dann können Sie damit beginnen, diese Reizsituation mit Ihrem Vogel auch außerhalb des Käfigs zu üben. Wie immer beim Erlernen von Transferübungen, bauen Sie hier das Training zunächst in dieser neuen

Umgebung wieder ganz von vorne auf. Sie fangen also wieder mit ganz vielen Minischritten an, die Sie einzeln üben, bevor Sie sie erst schneller durchführen und dann sukzessive zu größeren Schritten zusammenfügen.

Beispiel: Pullover ausziehen

Nehmen wir einmal Pullover ausziehen als Beispiel für eine Reizsituation. Papageien reagieren darauf häufig aggressiv, sodass diese Situation für viele Halter ein Problem darstellt. Genauso, wie wir hier das Anti-Aggressions-Training für diese Situation aufbauen, können Sie auch jede andere Reizsituation behandeln und entschärfen.

Herunterbrechen in kleinstmögliche Schritte

Gehen Sie im Geiste detailliert durch, wie Sie, Ihre Mitbewohner oder Besucher einen Pullover ausziehen. Es gibt viele verschiedene Wege. Manche Menschen greifen den unteren Saum mit ihren Händen über Kreuz und ziehen mit Schwung den ganzen Pullover mit einem einzigen Bewegungsablauf über den Kopf.

Andere Menschen ziehen erst die Arme aus den Ärmeln, bevor sie von innen greifend, den Halsausschnitt über den Kopf heben und den Pullover so ausziehen. Dann gibt es wieder Menschen, die erst einen Arm befreien, dann den Kopf und danach den anderen Arm. Erstaunlich, oder? Wie solch eine simple alltägliche Handlung so verschiedenartig durchgeführt werden kann. Falls Ihr Vogel nur bei manchen Menschen aggressiv auf das Ausziehen des Pullovers reagiert, könnte dies der Grund dafür sein. Achten Sie bitte also auch darauf. Beobachten Sie auch, an welcher Stelle des Ablaufs, den Pullover auszuziehen, Ihr Vogel aggressiv reagiert. Ist es direkt am Anfang des Bewegungsablaufs oder erst zum Schluss, wenn der geknäuelte Pullover quer durch den Raum in den Wäschekorb geworfen wird?

Sie sehen schon, als guter Verhaltenstherapeut müssen Sie sehr genau beobachten. Fehlen diese Details in Ihrer ABC-Analyse für diese

Situation, sollten Sie die Analyse und deren Auswertung unbedingt noch einmal wiederholen. Nur so können Sie erkennen, worauf genau Ihr Vogel aggressiv reagiert, und entspanntes Verhalten dafür gezielt üben.
Nehmen wir also an, dass das Ausziehen des Pullovers bei Ihnen folgende Schritte umfasst, dass Ihr Vogel auf alle Schritte und auf alle Pullover gleichermaßen aggressiv reagiert:

- Sie heben die linke Hand.
- Sie bewegen die linke Hand vor Ihren Körper.
- Sie heben die rechte Hand.
- Sie bewegen die rechte Hand vor Ihren Körper.
- Sie greifen mit der linken Hand den rechten Ärmelbund.
- Sie ziehen mit der linken Hand am Ärmelbund, während Sie mit der rechten Hand, dem rechten Arm und der rechten Schulter die entsprechende Gegenbewegung machen.
- Sie ziehen den rechten Arm aus dem Ärmel.
- Sie heben mit den Händen den Halsausschnitt des Pullovers über den Kopf.
- Sie heben die rechte Hand.
- Sie bewegen die rechte Hand vor Ihren Körper.
- Sie heben die linke Hand.
- Sie bewegen die linke Hand vor Ihren Körper.
- Sie greifen mit der rechten Hand den linken Ärmelbund.
- Sie ziehen den linken Ärmel vom linken Arm.
- Sie halten den Pullover in der rechten Hand.
- Sie greifen mit der linken Hand nach dem Pullover.
- Sie schütteln den Pullover aus.
- Sie falten den Pullover in der Luft.

So ungefähr könnte das Herunterbrechen des Pulloverausziehens in kleinste Schritte aussehen.
Beim Anti-Aggressions-Training nehmen Sie jeden dieser Unterpunkte und führen ihn in Minischritten aus. Dabei achten Sie darauf, dass Ihr

Vogel bei jedem dieser Minischritte völlig entspannt ist und verstärken dies durch Click und Belohnung.
Wie bei den vorherigen Übungen trainieren Sie als Nächstes, die Minischritte schneller durchzuführen und allmählich zu vergrößern, bis Sie zum Schluss den ganzen Bewegungsablauf flüssig durchführen können, ohne dass Ihr Vogel aggressiv reagiert.
Danach folgen die Transferübungen an verschiedenen Orten für den Vogel aber auch für Sie und mit verschiedenen Personen.
So können sie jede Reizsituation entschärfen. Folgen Sie einfach der hier vorgestellten Methode. Achten Sie immer darauf, Ihren Vogel nicht zu überfordern, sondern gehen Sie mit Minischritten vor.

Substitution

Bei jeder der hier vorgestellten Übungen gehen wir im Prinzip mit Substitution vor. Das bedeutet, dass wir ein unerwünschtes Verhalten durch ein erwünschtes ersetzen. Im Idealfall ist das erwünschte Verhalten so konzipiert, dass es das unerwünschte Verhalten nicht nur ersetzt, sondern unmöglich macht. Wenn der Vogel zum Beispiel dahingehend trainiert wird, dass er ruhig auf einem bestimmten Sitzast sitzen bleibt, während Sie die Futterschale wechseln, so macht es dies für ihn unmöglich, gleichzeitig anzugreifen.
Das in diesem Buch vorgestellte Aggressionsspiel benutzt dieses Prinzip ebenfalls. Das aggressive Tier lernt, ein Stofftier statt Ihre Hand zu beißen.
Es gibt viele weitere Möglichkeiten, substituives Verhalten beim Anti-Aggressions-Training zu verwenden.

- Statt Ihren Freund anzugreifen, kommt das Tier zu Ihnen und schmust.
- Statt anzugreifen, fliegt das Tier zu seinem Sitzplatz und hackt in sein Aggressionsspielzeug.
- Statt Besuch anzugreifen, kehrt das Tier in seinen Käfig zurück, in dem es sich sicher fühlt.

Ihnen fallen sicherlich noch jede Menge weitere Beispiele ein. Verwenden Sie diese beim Anti-Aggressions-Training. Es ist immer einfacher, ein Verhalten beizubringen, das sich mehr lohnt als das unerwünschte Verhalten, als ein Verhalten ersatzlos abzustellen.

Vergesellschaftung und Verpaarung

Wenn Sie versuchen, neue Vögel in einen Altbestand einzugliedern, kann es zu Aggressionen kommen. Oftmals beruht dies auf der falschen Vorgehensweise. Wie Sie eine Verpaarung richtig angehen, habe ich in Kapitel 3, Haltungsbedingungen optimieren, bereits beschrieben. Gehen wir also jetzt einmal davon aus, dass Sie alles genauso wie vorgegeben vorbereitet und durchgeführt haben und Ihre Tiere sich immer noch nicht grün sind. In dem Fall können Sie das gegenseitige In Ruhe lassen, das Annähern und auch das Lieb-zueinander-sein gezielt trainieren.

In Ruhe lassen

Das gegenseitige In Ruhe lassen bauen wir über Shaping auf. Falls die Tiere extrem aggressiv auf das andere reagieren, sollten Sie unbedingt mit einem Tier im Käfig und dem anderen außerhalb seines Käfigs üben, damit Sie die Situation besser unter Kontrolle halten können.
Achtung, dies bedeutet auf keinen Fall, dass ich empfehle, ein Tier im Käfig zu halten, während das andere sich außerhalb aufhält. Zu groß ist die Gefahr, dass die Tiere sich durch das Gitter hindurch verletzen. Unzählige Papageien haben hierbei schon Krallen, Zehen und sogar Füße verloren. Dieses Risiko sollten Sie auf keinen Fall eingehen!
Aus dem gleichen Grund halte ich übrigens auch nichts von Trenngittern in Volieren. Zu groß ist auch hier die Gefahr von gefährlichen Fußverletzungen durch das Gitter hindurch.
Die Konstellation – ein Tier im und das andere Tier außerhalb des Käfigs – verwenden wir nur beim Training unter striktester Aufsicht, damit

nichts passieren kann. Sie dient lediglich dazu, das Training kontrollierbarer zu gestalten.

Was die Wahl des Tieres betrifft, sollten Sie das aggressivere Tier im Käfig lassen, während das zurückhaltendere Tier sich frei bewegen darf. Das aggressivere Tier wird sich im Käfig nicht so leicht bedrängt und eingeschüchtert fühlen wie das zurückhaltendere Tier, das im Käfig wenig Rückzugsmöglichkeiten hat.

Nun gilt es, zu beobachten und mit dem Clicker schnell auf gutes Verhalten zu reagieren. Nehmen wir also an, dass der Vogel im Käfig aggressives Verhalten zeigt, während der andere Vogel eingeschüchtert wirkt. Sie warten jetzt einfach ab und beobachten beide Tiere.

Sobald der aggressive Vogel sich von dem anderen Tier auch nur ein bisschen körperlich oder geistig abwendet, clicken und belohnen Sie dies. Derartige durch Click und Belohnung zu verstärkende Abwendungen wären zum Beispiel:

- Wegschauen
- Den Kopf wegdrehen
- Vom Käfiggitter zurücktreten
- Sich auf einen weiter entfernten Sitzast begeben
- Mit Spielzeug spielen usw.

Beim schüchterneren Tier, das sich außerhalb des Käfigs aufhält, verstärken Sie hingegen, wenn es sich dem anderen Tier zuwendet. Bei beiden Tieren verstärken Sie zusätzlich Zeichen der Entspannung, wie zum Beispiel sich putzen, mit dem Schnabel klappern und ähnliches. Dies üben Sie nun so lange, bis beide Tiere völlig entspannt sind, unabhängig davon, wie nahe das außerhalb des Käfigs verweilende Tier an diesen herankommt.

Funktioniert das In Ruhe lassen zuverlässig, sollten Sie versuchen, der Situation nach und nach zusätzliche Stressfaktoren hinzuzufügen. Stellen sie den Fernseher an. Machen Sie es im Zimmer ein wenig turbulenter, indem Sie Familienmitglieder oder Freunde zum Training einladen.

Schenken Sie den Tieren keine offensichtliche Beachtung, sondern observieren Sie, wie sie sich aufführen, wenn Sie sich unbeachtet glauben. Wenn alle möglichen Situationen, die Ihnen einfallen, innerhalb des Zimmers ausgereizt sind, verlassen Sie das Zimmer. Beobachten Sie die Tiere durch den Türschlitz, um sicherzugehen, dass nichts passiert. Wenn die Tiere in allen Situationen friedlich bleiben, ist es Zeit, mit Transferübungen anzufangen.

Die Transferübung hierzu ist das Üben mit beiden Tieren außerhalb des Käfigs. Dies sollten Sie natürlich erst dann durchführen, wenn die Tiere beim ersten Teil der Übung zuverlässig friedlich bleiben, unabhängig davon, was im Umfeld passiert. Wie immer bei Transferübungen führen Sie diese genau wie die Ursprungsübung durch.

Wenn auch dies in allen Situationen reibungslos klappt, könnten Sie möglicherweise den Schwierigkeitsgrad weiter steigern, indem Sie die Tiere gemeinsam in einen Käfig setzen. Das hängt aber stark von der Größe des Käfigs ab und welchem der Tiere dieser gehört.

Ist der Käfig klein, also unterhalb der in Kapitel 3, Haltungsbedingungen optimieren, beschriebenen Mindestmaße, würde ich auf keinen Fall empfehlen, die Tiere darin zusammenzusetzen. Es gibt dort einfach keine Fluchtmöglichkeiten für das unterlegene Tier, sollte es zum Angriff kommen. Außerdem ist die Wahrscheinlichkeit hoch, dass in einem kleinen Käfig der Komfortabstand der Tiere zueinander unterschritten würde. Diese Situation wäre also viel zu gefährlich und sollte unbedingt unterlassen werden.

Genauso riskant ist es, die Tiere in den Käfig, der normalerweise von einem der Tiere bewohnt wird, zu setzen. Territorialverhalten kann zu üblen Aggressionen führen. Insbesondere wenn der Käfig dem aggressiveren der beiden Tiere gehört, sollten Sie das Risiko nicht eingehen.

Auch wenn Sie die Tiere gemeinsam in den Käfig des zurückhaltenderen Tieres setzen, gehen Sie ein Risiko ein. Dies ist zwar geringer als im vorgenannten Fall, Aggressionen sind dennoch nicht auszuschließen.

Ideal wäre es, wenn Sie zum Zwecke der Zusammenführung beide Tiere in einen neuen, bis dato unbekannten Käfig setzen könnten. Ist dies definitiv nicht möglich, sollten Sie den Altkäfig an eine andere Stelle der Wohnung rücken und komplett umdekorieren, sodass für die Tiere der Eindruck entsteht, dass es sich um einen neuen Käfig handelt, der keinem von beiden „gehört".

Annähern

Leben Ihre Tiere nunmehr friedlich nebeneinander her, ohne sich gegenseitig anzugreifen, gilt es, den Komfortabstand zueinander zu verringern. Um dies zu erreichen, verwenden Sie die Shaping-Methode und verstärken jegliche Annäherung zueinander.
Theoretisch könnten Sie die Tiere auch mit dem Targetstick zueinander führen. Das halte ich allerdings für keine besonders gute Idee, da die Tiere sich hierbei auf den Targetstick und nicht aufeinander konzentrieren. Es könnte also sein, dass die Tiere dabei einander viel näher kommen, als es mit ihrem Komfortabstand zu vereinbaren wäre. Dies birgt einerseits Gefahrenpotenzial und bringt uns andererseits beziehungstechnisch auch nicht wirklich weiter. Wir möchten, dass die Tiere sich aufeinander konzentrieren und gemäß ihren Befindlichkeiten zueinander den Abstand nach und nach verringern. Dies verstärken wir durch Click und Belohnung. Sie als Trainer sind hierbei wie bei allen Shaping-Übungen stark in der Beobachterrolle und warten auf jegliche Anzeichen der Annäherung, die Sie verstärken könnten. Diese können recht subtil sein, wie zum Beispiel der Blick eines der Tiere zum anderen. Sie können auch deutlicher sein, indem zum Beispiel eines der Tiere einen Schritt in Richtung des anderen Tieres macht. Was es auch ist, Sie sollten so genau beobachten, dass Sie jedes derartige Verhalten, egal bei welchem der beiden Tiere, mit dem Clicker „erwischen" und belohnen können.
Mit der Zeit führt dies dazu, dass die Tiere sich in immer engerer Nähe zueinander aufhalten können und dabei völlig entspannt bleiben.

Lieb sein

Lieb sein ist eine weitere Steigerung der Annäherungsübung. Hierbei verstärken Sie gezielt, wenn die Tiere in positive Interaktion miteinander treten. Wenn die Tiere zum Beispiel zufällig aus demselben Napf fressen, können Sie dies clicken und beiden ein Leckerli geben.
Lieb sein zu trainieren, kann ein zweischneidiges Schwert sein, da Sie das Verhalten durch Click und Leckerligabe unterbrechen. Deshalb verwende ich hierbei oftmals weder Clicker noch Leckerli sondern lediglich verbales Lob. Dies funktioniert natürlich nur, wenn die Tiere eine positive Beziehung zu Ihnen haben und Lob als Verstärker kennen. Dies erzielen Sie dadurch, dass Sie zusätzlich zu Click und Belohnung auch regelmäßig Loben. Da beim Clickertraining nach dem Ausschleichen des Clickers alle Übungen weiterhin durch Lob, Streicheleinheiten und nur hin und wieder durch ein Leckerli verstärkt werden, sollte dies eigentlich bei erfahrenen Clickertrainern, wie Sie es sind, kein Problem darstellen.

Beißhemmung lernen

Es kann auch sein, dass das vermeintliche Beißen überhaupt kein Akt der Aggression ist, sondern lediglich überschäumendes Spielverhalten. Hier hilft ein simples Beißhemmungstraining, da Ihr Tier Ihnen gar nicht weh tun möchte und lediglich Ihren Schmerzlevel falsch einschätzt. Letzteres ist kein Wunder, da Sie im Gegensatz zu seinen gleichartigen Freunden weder über einen harten Schnabel noch über ein schützendes Federkleid verfügen.
Eine Beißhemmung lässt sich sehr einfach erlernen. Wenn Sie mit ihrem Vogel spielen, müssen Sie lediglich eine kleine Spielpause einlegen, wann immer er mit seinem Schnabel zu feste zudrückt. Was „zu fest“ ist, bestimmen Sie. Das sieht dann folgendermaßen aus: Sie spielen mit Ihrem Vogel, er drückt zu fest zu. Sie entziehen ihm ganz ruhig Ihre Hände und verstecken diese hinter Ihrem Rücken. Wenn Sie möchten

können Sie dazu mit ruhiger Stimme „sanft sein“ oder Ähnliches sagen, aber mehr nicht. Sie sollten weder Schimpfen noch Jammern. Zum einen wollen Sie das Verhalten nicht verstärken. Zum anderen wäre es unfair mit Ihrem Vogel zu schimpfen. Er hat ja nichts Böses getan und wird dadurch nur lernen, dass Sie unberechenbar sind und man Ihnen nicht wirklich vertrauen kann. Das ist für Ihre Beziehung nicht förderlich. Lassen Sie es also.

Denken Sie daran, dass Ihr Vogel weder aggressiv noch böse ist. Er ist lediglich ein bisschen übermütig und hat noch nicht gelernt, die Kraft seines Schnabels und was für Sie akzeptabel ist einzuschätzen. Das muss er jetzt lernen. Sie würden ja auch nicht mit einem Kind schimpfen, nur weil es noch nicht gelernt hat, Fahrrad zu fahren oder die Uhr zu lesen. Diese Situation ist nichts anderes.

Warten Sie ungefähr 30 bis 60 Sekunden. Das Tier sollte sich wieder ein bisschen von seinem Überschwang beruhigen. Dann spielen Sie ohne großes Aufhebens mit ihm weiter. Drückt Ihr Vogel wieder zu fest zu, nehmen Sie ihm wieder Ihre Hände weg und verstecken Sie hinter Ihrem Rücken. Warten Sie wieder 30 bis 60 Sekunden, bevor Sie weiterspielen. Mit der Zeit wird Ihr Vogel lernen, sanft zu sein, da das Spiel sonst aufhört.

6. Nachwort

Ich habe schon mit vielen aggressiven Papageien gearbeitet. In allen Fällen ist der Vogel mindestens genauso verwirrt, verletzt und verloren wie der Besitzer.

Dies sollten Sie sich stets vor Augen halten. Das Tier ist nicht Ihr Feind, sondern ein Opfer seiner Lebensumstände, dem wir stets mit Sympathie, Verständnis und Liebe begegnen sollten. Denken Sie daran: Sie sind in dieser Beziehung der oder die Erwachsene. Es liegt an Ihnen, die Probleme dieser Beziehung zu lösen, damit Sie und Ihr gefiederter Mitbewohner wieder zueinander finden und eine glückliche und gesunde Beziehung miteinander haben können.

Falls Sie nach dem Lesen und Durcharbeiten meiner Bücher noch Fragen haben oder Hilfe benötigen, können Sie diese kostenlos im GRATIS-Erstgespräch mit mir besprechen oder - wenn die benötigte Hilfe umfangreicher ist - im Rahmen eines Coaching-Paketes oder Kurses erhalten.

Doch nun wünsche ich Ihnen erst einmal viel Erfolg beim Training und liebe Grüße,

Ann Castro.

Nicht vergessen: Die Arbeitsblätter zu diesem Buch und weitere Informationen gibt es kostenlos unter folgendem Link:

https://www.dievogelschule.com/leser

Online-Kurse mit Ann Castro

Vertrauensvolle Beziehungen. Stressfreies Zusammenleben.

WAS IST BEZIEHUNG & TRAINING?

Beziehung & Training ist ein Video-Kurs mit wöchentlichen online Gruppenstunden mit Ann Castro. Das Kursmaterial wird darin individuell für jeden Teilnehmer angepasst. Dies führt zum schnelleren und leichteren Lernerfolg für dich und deine Vögel - auch wenn ihr derzeit Probleme miteinander habt oder sie nicht zahm sind.

Beziehung & Training ist für dich geeignet wenn du:

- das Vertrauen deiner Vögel gewinnen und einen entspannteren Alltag möchtest
- keine Angst mehr vor Bissen oder Angriffen haben möchtest
- deine Vögel problemlos zum Tierarzt bringen und medizinisch versorgen möchtest
- deine Vögel beschäftigen und mehr Spaß mit ihnen haben möchtest

Beziehung & Training gibt es in vier Optionen, die du hier auswählen kannst: www.dievogelschule.com/produkte

Die Vogelschule
Clickertraining
Ann M. Castro
Mit extra Kapitel: Zähmen
für Papageien, Sittiche und andere Vögel DVS

Die Vogelschule
Mehr Clickertraining
Ann M. Castro
Beinhaltet: Pflegemaß-nahmen
Band II
für Papageien, Sittiche und andere Vögel DVS

Die Vogelschule
Schreien & Kreischen
Ann M. Castro
Probleme lösen mit Clickertraining
Band IV
bei Papageien, Sittichen und anderen Vögeln DVS

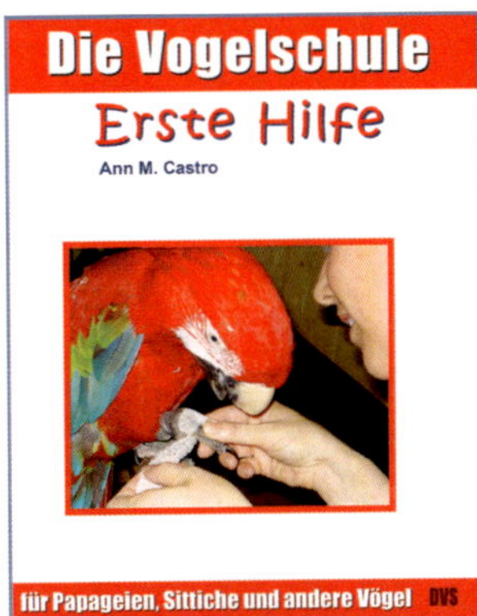
Die Vogelschule
Erste Hilfe
Ann M. Castro
für Papageien, Sittiche und andere Vögel DVS

Die Vogelschule
Gesundheitspass
Ann M. Castro
für Papageien, Sittiche und andere Vögel DVS

Ann M. Castro
Papageiengeflüster
Geschichten aus der Vogelschule
DVS

Ann M. Castro
Costa Rica
Heimat der Papageien
Die Vogelschule auf Reisen
DVS

Ann M. Castro
Die Papageienflüsterin
Mehr Geschichten aus der Vogelschule
DVS

Ann M. Castro
Das Papageienparadies
Neue Geschichten aus der Vogelschule
DVS

Publikationen

von

Ann Castro

Aus der Vogelschule Serie

Clickertraining für Papageien, Sittiche und andere Vögel (Band I)
Das Clickertrainingbuch für Einsteiger erklärt, wie Clickertraining funktioniert. Es führt Sie Schritt für Schritt durch alle Anfängerübungen und zeigt Ihnen, wie Sie Ihren Vögeln nützliche und unterhaltsame Verhaltensweisen beibringen können. Das Training wird Ihnen und Ihren Vögeln garantiert Spaß machen und Ihre Beziehung festigen.
Taschenbuch, ISBN-13: 978-3939770787

Mehr Clickertraining für Papageien, Sittiche und andere Vögel (Band II)
Das Clickertrainingbuch für erfahrene Trainer. Es führt Sie an fortgeschrittene Übungen heran, wie zum Beispiel Namen lernen, Auf Deinen Platz, Bleib, In den Käfig, Füßchen geben, Apportieren, Such-Verloren, u.v.a.m. Es enthält außerdem diverse Medical-Training-Übungen, wie zum Beispiel In die Transportbox gehen, Krallen schleifen, Aus der Spritze trinken, Fuß untersuchen und behandeln, Drei-Finger-Griff, Flügel untersuchen.
Taschenbuch, ISBN-13: 978-3939770060

Schreien & Kreischen. Probleme lösen mit Clickertraining. (Band IV)
Das Verhaltenstherapiebuch für geübte Clickertrainer. Es zeigt Ihnen wie Sie mit Hilfe des Clickertrainings die Verhaltensprobleme Schreien und Kreischen therapieren können.
Taschenbuch, ISBN-13: 978-3939770480

Erste Hilfe für Papageien, Sittiche und andere Vögel
Das Erste-Hilfe-Buch für Vogelhalter bereitet Sie auf den Notfall vor. Im Detail beschreibt es die Erstellung einer homöopathischen und einer schulmedizinischen Notfallapotheke, Vorbereitung eines Behandlungsraumes und Erste-Hilfe-Maßnahmen. Das Buch beinhaltet Detailinformationen zu etlichen Verletzungen und Erkrankungen und deren Erstbehandlung.
Taschenbuch, ISBN-13: 978-3939770022

Gesundheitspass für Papageien, Sittiche und andere Vögel
Der Gesundheitspass erlaubt Ihnen, alle wichtigen gesundheitlichen Informationen zu Ihren Vögeln auf einen Griff zur Hand zu haben. Es werden alle erforderlichen Untersuchungen detailliert aufgeführt sowie Erkrankungen und Unfälle. Abgerundet wird der Gesundheitspass mit einer fünfjährigen wöchentlichen Gewichtstabelle.
Taschenbuch, ISBN-13: 978-3939770046

Aus der Geschichten aus der Vogelschule Serie

Die bekannte Papageienexpertin und –buchautorin Ann Castro, erzählt auf amüsante Weise aus den Anfangsjahren ihres Lebens mit Papageien. Eindrucksvoll schildert sie den Einsatz für jedes einzelne Papageienleben. Sie beschreibt, wie diese intelligenten Tiere dies mit tiefer Zuneigung honorieren. Ob Buchhalter, Mauerblümchen oder Klassenclown – wir lernen Papageien in diesem Buch nicht nur als Tiere sondern als eigenständige Persönlichkeiten kennen, die eine interaktive Beziehung mit ihrem Menschen aufbauen.

Papageiengeflüster. (Band I)
Geschichten aus der Vogelschule
Taschenbuch, ISBN-13: 978-3939770282

Costa Rica. Heimat der Papageien. (Band Ia)
Die Vogelschule auf Reisen
Taschenbuch, ISBN-13: 978-3939770404

Die Papageienflüsterin. (Band II)
Mehr Geschichten aus der Vogelschule
Taschenbuch, ISBN-13: 978-3939770329

Das Papageienparadies. (Band III)
Neue Geschichten aus der Vogelschule
Taschenbuch, ISBN-13: 978-3939770367

Unter dem Namen Anna G. Shiney

Clickertraining für Ihre Wünsche:
Behandeln Sie das Universum wie einen Hund!
Verwenden Sie die Prinzipien des Clickertrainings, um erfolgreich Ihre Wünsche zu manifestieren. www.annashiney.com
ISBN-13: 978-3939770749

Meine Publikationen gibt es größtenteils auch als kostengünstige ebook-Ausgaben (Kindle, epub und PDF).

Die Autorin

Ann Castro hilft seit 2001 Menschen und ihren Papageien & Sittichen einander besser zu verstehen und ein entspanntes Leben voller Freude miteinander zu genießen. Dabei liegt der Schwerpunkt sowohl bei ängstlichen als auch bei Vögeln mit Problemverhalten wie Beißen und Schreien.

Mit Ann Castros Hilfe können auch Sie

- die Probleme zwischen Ihnen und Ihren Papageien & Sittichen lösen
- vertrauensvolle Beziehungen mit Ihren Vögeln aufbauen
- Ihre Papageien und Sittiche besser verstehen
- die seelischen, körperlichen & gesundheitlichen Bedürfnisse Ihrer Tiere erfüllen

Weitere Informationen zu Ann Castro sowie GRATIS-Downloads zu den Themen Angst, Beißen, Schreien und Medical-Training finden Sie auf ihrer Webseite:

www.dievogelschule.com

Zeitfracht Medien GmbH
Ferdinand-Jühlke-Straße 7
99095 Erfurt, Deutschland
produktsicherheit@kolibri360.de